PIERRE VERNAY

TRAGÉDIES POLAIRES

RÉCITS

ARTHAUD

SOMM

NORTH POLE
FROZEN OCEAN
GREENLAND
Arctic Circle
ICELAND
SPITSBERGEN
NOVA ZEMBLA
Sea of Karskoe
Ice Cape
N.W. Cape
N.E. Cape
Lapland
North Cape
Bothnia
White Sea
Drontheim
BAFFIN'S BAY
DAVIS STRAIT
Fin Whale Strait
Friesland
Farewell
Sea seen by Mr. Hearn 1771
Coppermine R.
Buffaloe L.
G. Bear Lake
Cogead Lake
Repulse Bay
Wager R.
Chesterfield Inlet
Catt L.
Southampton
C. Chidley
Pt. Portland
HUDSON'S BAY
LABRADOR
NEW WALES
Slave Lake
Slave R.
L. of the Hills
Rain Deer Lake
Thomson's Ht.
James Bay
L. Winnipeg
Eskimaux
Anticosti
G. of St. Laurence
80
70

INTRODUCTION

LA CONQUÊTE DES ESPACES INVIOLÉS DU GRAND NORD

Carte de 1816 tirée du *Nouvel Atlas* de Thomson. Au nord, tout reste à découvrir.

Au début du XIXe siècle, de nombreux blancs figurent encore sur la mappemonde, et les plus importantes *terra incognita* sont celles qui recouvrent les pôles. L'exploration des régions arctiques dure près d'un siècle et se concentre autour de ces projets : la découverte du passage du Nord-Ouest, la conquête du pôle Nord géographique et l'exploration des côtes nord-groenlandaises, car on ne sait jusqu'à quelle latitude nord elles s'étirent. Ces longues années de navigation périlleuse et d'hivernage dans la nuit polaire, ces centaines de bateaux à voile et bientôt à vapeur qui partent à la découverte de ce Nord mythique, ces fantastiques exploits sont l'âge d'or de l'exploration arctique. Les Anglais sont les premiers à s'y aventurer, puis les Américains et les Scandinaves.

Pourquoi cette fièvre ? Depuis le XVIe siècle on sait, par des récits d'aventuriers, qu'il n'y a pas d'or. On ne prévoit pas non plus un quelconque commerce, nulle « route » possible à ouvrir, car rejoindre l'Asie à partir de l'Europe en faisant l'économie du redoutable cap Horn n'est qu'un rêve de cartographe. La mer du passage du Nord-Ouest est soumise à des températures qui font geler le mercure ! Un intérêt scientifique ? Celui-ci reste limité et n'est jamais le moteur principal des expéditions, même si des observations scientifiques y sont menées.

Pour quelle raison alors ? Après 1815 et la défaite de Napoléon, l'Europe retrouve la paix, mais l'Amirauté britannique ne sait que faire de ses dix-neuf mille marins, et surtout de ses six mille officiers désormais sans affectation.

On les envoie donc cartographier ces territoires lointains. Aux préoccupations géographiques s'en ajoute une, plus romantique, qui correspond aux aspirations de l'époque, et l'on cultive avec ferveur l'image du « bel officier de l'Arctique ». Les hommes qui dirigent ces expéditions, et tous ceux qui embarquent avec eux, ont soif de renommée ; chaque pays impliqué dans la conquête arctique n'est pas avare de fêter ses héros. Tout départ avive un sentiment de fierté nationale, et à son retour l'explorateur reçoit de l'État une reconnaissance en monnaie sonnante et trébuchante, selon bien sûr qu'il aura fait des découvertes dont la nation pourra s'enorgueillir.

Qui sont ces capitaines d'origine et de fortune diverses, militaires de carrière ou civils passionnés s'illustrant dans cette grande quête du Nord ? Parmi eux, John Ross, issu d'un milieu modeste, homme d'un courage exemplaire – il fut blessé treize fois au cours des guerres napoléoniennes –, Elisha Kent Kane et James Cook, deux médecins appartenant à la bonne bourgeoisie, Fridtjof Nansen, docteur en zoologie, mais surtout visionnaire qui saisit avant tout le monde le sens des courants polaires…

Certains sont aventureux, ont déjà navigué et savent parfaitement à quoi ils s'exposent ; d'autres ignorent tout de la glace et de la navigation. Tous ont pourtant en commun un courage à toute épreuve, qu'une religiosité sans faille anime souvent, au point qu'ils se croient investis d'une mission divine. Que la chance soit ou non avec eux, ils accomplissent des exploits extraordinaires, et aucun ne tente de faillir à son devoir, même si les moyens employés pour réaliser leurs ambitions restent parfois sujets à caution. Surtout, ils sont confrontés à des conditions de vie terribles, car les territoires qu'ils traversent sont parmi les plus hostiles de la planète.

Une constante demeure : l'absence de communication avec le monde extérieur, et si l'on pensait appareiller pour deux ans tout au plus, bien souvent l'on pouvait revenir cinq ans plus tard, voire ne jamais rentrer. Des centaines d'expéditions qui partent pour l'Arctique, une dizaine au moins sont prodigieuses, voire terrifiantes. Celles de Ross, Franklin et Mc Clure illustrent une conception toute britannique ; il faut souffrir pour réussir, et l'exploit n'en est que plus méritoire : traction humaine des traîneaux, vêtements en laine et flanelle, tentes en toile continuent d'être utilisés malgré leurs limites manifestes. Les expéditions américaines de Kane et Hall sont de magnifiques épopées humaines qui comblent de fierté leur pays, alors que celle de Greely tourne au désastre. Les Scandinaves, eux, préconisent des effectifs réduits, recommandent l'abattage des chiens de traîneau à mesure de la progression des convois, au nom de l'efficacité. Le Suédois Andree, lui, veut conquérir le pôle Nord en ballon…

N'oublions pas l'exceptionnelle épopée de Frederick Cook et de ses deux compagnons esquimaux dont on avait du mal – éducation judéo-chrétienne oblige – à louer le mode de vie. Les explorateurs s'en inspirèrent rarement, alors que depuis des millénaires les Esquimaux s'étaient bien adaptés à cet environnement extrême : emploi de chiens de traîneau, confection d'habits en fourrure, construction d'igloos, consommation de toutes sortes de viandes, techniques de chasse sophistiquées avec pointes de harpons détachables, utilisation du kayak.

Enfin, les conditions de vie effroyables – tempêtes, froid, faim, soif… – sont le quotidien de l'Arctique et agissent comme un puissant révélateur de la nature humaine. Quand, aux frontières du monde gelé, la mort semble au bout du voyage, les hommes deviennent grands ou petits, héroïques ou lâches, humbles ou arrogants.

Une préparation insuffisante, un équipement mal adapté peuvent être lourds de conséquences à ces latitudes boréales. Le gel insupportable, les vents violents, le stress de la longue nuit hivernale, la faim et la soif pas toujours assouvies n'ont guère besoin d'être prolongés dans le temps pour mettre à mal les personnalités les plus endurcies. La fatigue, l'épuisement ont tôt fait de s'installer et d'altérer le jugement et la combativité. Si des hommes ont survécu à ces épreuves, ils s'en sont trouvés grandis. A-t-on maintenant tous les éléments en main pour juger, voire condamner certains de ces pionniers, héros plus ou moins malheureux de la conquête de l'Arctique ? Probablement pas. Aussi se gardera-t-on bien de le faire…

1829

JOHN ROSS

CINQ ANNÉES DANS L'ARCTIQUE

Nous sommes en 1817. Napoléon est vaincu, et quatre-vingt-dix pour cent des officiers de la marine sont inemployés, vivant sur une maigre demi-solde. Aussi, quand le plus fameux baleinier de tous les temps, William Scoresby, alerte l'Amirauté britannique que les conditions de navigation dans l'Arctique sont exceptionnelles, tous les officiers se plaisent à rêver d'une grande expédition polaire et d'un engagement vers le mythique passage du Nord-Ouest. Cette année-là, la côte est du Groenland est complètement dégagée de glace jusqu'au 80° de latitude nord. Sous l'impulsion de sir John Barrow, second secrétaire de l'Amirauté britannique, s'échafaudent des plans pour la conquête des espaces arctiques inviolés. Il est hors de question de placer une quelconque expédition sous les ordres d'un baleinier – aussi brillant soit-il. Scoresby est donc écarté, et l'on confie l'une des trois premières expéditions à John Ross, un marin écossais connu pour son caractère volontaire et abrupt, héros courageux des guerres napoléoniennes.

Les Esquimaux de la péninsule de Boothia. On notera la jambe de bois fabriquée par le charpentier du *Victory*.

En 1818, John Ross part donc avec deux navires : l'*Isabella HMS* [1] et l'*Alexander HMS*, confié au jeune William Edward Parry, commandant en second. Les conditions de navigation ne se présentent pas sous les meilleurs auspices. Le climat s'avère bien plus rude que prévu, la glace beaucoup plus compacte qu'on l'avait laissé entendre. L'année précédente, la mer avait été très dégagée, et l'on imaginait qu'elle le serait l'été suivant. Ross découvre l'une des caractéristiques de l'Arctique : les conditions de vent, de glace et d'ensoleillement peuvent varier considérablement d'une année à l'autre. Aussi, après un été exceptionnellement clément qui a favorisé la navigation jusqu'au 82° nord, l'hiver suivant est le plus sévère connu depuis une dizaine d'années. Même les baleiniers ont toutes les peines du monde à trouver un passage vers les mers du Nord.

Les deux navires britanniques louvoient à travers tempêtes et brouillard, et se retrouvent projetés, tout début juillet, à proximité du village esquimau d'Etah. C'est alors une rencontre extraordinaire qui a lieu, entre l'équipage et des hommes comme venus du néolithique et qui se croyaient seuls au monde. La surprise des Esquimaux est telle qu'ils se demandent si les marins anglais ne viennent pas de la Lune. Grâce à l'interprète ouest-groenlandais de l'expédition, on arrive à se comprendre. Cette rencontre inespérée

Ross et Parry rencontrent en 1818 des Esquimaux dans le nord-ouest du Groenland.

– on n'imaginait pas une seconde que des hommes puissent vivre à cette latitude – constituera sans aucun doute la plus grande découverte de l'expédition : des hommes vivent au 80° nord, sous l'un des climats les plus hostiles de la planète…

Malgré son formidable intérêt, cette découverte ethnographique ne fait pourtant pas oublier le but de la mission, qui reste la recherche du passage du Nord-Ouest. Les navires mouillés au nord de la baie de Baffin s'engagent dès lors dans le détroit de Lancaster, ainsi nommé par William Baffin deux siècles auparavant, en hommage au navigateur anglais sir James Lancaster, mort en 1618. William Baffin, quant à lui, avait exploré la région, mais ses cartes, publiées de manière lacunaire par son éditeur, avaient été contestées à l'époque. C'est l'expédition de Ross qui va permettre de confirmer la justesse et la précision des relevés effectués par Baffin.

On ne saura malheureusement jamais toute la vérité sur ce qu'il advint à bord des navires à partir de ce moment. Les seuls faits connus révèlent qu'ils ont progressé d'une soixantaine de kilomètres à l'intérieur du détroit quand le brouillard s'est levé, et que Ross était convaincu qu'il se dirigeait vers le fond d'une immense baie ne débouchant pas sur le passage tant recherché. Parry, lui, est convaincu du contraire, et l'émotion est donc grande quand l'officier en second apprend que les navires doivent faire demi-tour et rentrer en Angleterre…

Que s'est-il passé ? John Ross établira dans son rapport que lui-même et plusieurs témoins de l'*Isabella HMS* ont vu une barrière de montagnes, les Crocker Mountains, barrer le détroit de Lancaster. Parry fulmine, mais obéit aux ordres. Ses officiers estiment comme lui que le commandant vient de commettre une grossière erreur ; Ross devra affronter une fronde orchestrée par son commandant en second et d'autres officiers.

En Angleterre, Barrow est furieux de ce retour précipité, d'autant que les navires avaient les moyens d'hiverner sur place. Ross, comme c'est l'usage pour les chefs d'expédition, rédige un livre illustré à destination du grand public qui se passionnait à l'époque pour les voyages d'exploration, *A voyage of discovery, made under*

1. Her Majesty's Ship.

the orders of the Admiralty, in His Majesty's Ships Isabella *and* Alexander *for the purpose of exploring Baffin's Bay, and inquiring into the probability of a Northwest Passage*. Il s'approprie malheureusement les observations astronomiques et ethnographiques d'un de ses officiers, Edward Sabine, sans le citer. Ce dernier s'en indigne et accuse Ross de plagiat. Ross se défend mal, et l'Amirauté britannique nomme une commission d'enquête, qui établit que les manières de Ross ne sont pas celles d'un gentleman…
Ces affaires malheureuses vont amener sir John Barrow à confier la seconde expédition du passage du Nord-Ouest à Parry. Ross, tombé en disgrâce, s'en retourne, certes promu capitaine, mais aigri, dans son château écossais de Stanraer. Comble de malchance pour Ross, l'année 1819 est exceptionnelle, et Parry progresse avec succès dans l'axe du détroit de Lancaster sur plusieurs centaines de kilomètres, avant d'hiverner à Melville Island, réduisant à rien la prétendue barrière des Crocker Mountains. À son retour, Parry est fêté en héros : il a ouvert le passage du Nord-Ouest.

Carte établissant la position des Croker Mountains dans le détroit de Lancaster.

John Ross se tient régulièrement au courant des progrès réalisés pour découvrir le passage. Au fil des années, il a appris qu'après un premier triomphe, les trois expéditions successives de Parry furent des échecs ; la deuxième en particulier, en 1824, avec la perte d'un navire, le *Fury HMS*, dans le détroit du Prince-Régent. Il rêve de repartir dans l'Arctique, avec ou sans le soutien de l'Amirauté britannique. Et c'est Felix Booth, un distillateur de gin, ami de longue date, qui va financer en grande partie sa nouvelle expédition. L'infatigable Écossais, en dix ans, a eu le temps d'écrire un volumineux traité sur la navigation à vapeur. Il entend en effet démontrer l'intérêt du moteur à vapeur dans la navigation arctique, mais sa machine occupe la moitié du navire, se révèle défectueuse, et tombera rapidement en panne.

Les Croker Mountains telles qu'elles apparurent aux membres de l'équipage de l'*Isabella HMS* lors de l'expédition de 1818.

Le navire, le *Victory*, est petit, et l'équipage réduit à une vingtaine d'hommes. Pour cette expédition ambitieuse, Ross a engagé son neveu, James Clark Ross, marin très capable, déjà présent lors de l'expédition de 1818 et qui a toujours navigué avec Parry.

La chance sourit à Ross, qui traverse la baie de Baffin en une dizaine de jours seulement. À hauteur des prétendues Croker Mountains, Ross a sans doute compris qu'il avait perdu dix ans de sa vie d'explorateur… En tout cas, la navigation est exceptionnellement favorable, et l'optimisme règne à bord. Ross s'engouffre dans le détroit du Prince-Régent, déjà exploré par Parry. Sur la côte est de Somerset Island, il trouve, à Fury Beach, une énorme quantité de vivres, entreposés là par Parry lors du naufrage du *Fury HMS*.

Le village d'igloos des Esquimaux de Boothia.

Lors de la progression vers le sud, les conditions de glace deviennent de plus en plus délicates, et le cycle des marées se montre aussi difficilement prévisible. L'expédition parvient à trouver un havre de paix à Felix Harbour.

Le pire ennemi de l'explorateur polaire n'est pas le froid, mais l'ennui. Comme le notera plus tard John Ross, l'oisiveté de l'homme est l'oreiller du diable. Il s'emploie donc à occuper au mieux ses hommes durant cet hivernage dans une région qu'il est le premier à découvrir. Il espère que les expéditions de printemps en traîneaux à chiens lui permettront de la cartographier, et de réduire ainsi les grands blancs de sa carte.
Noël se passe dans la joie et, début janvier, l'événement tant attendu – la rencontre avec les tribus esquimaudes de Boothia – a enfin lieu. « Ce fut pour nous une journée très satisfaisante, car nous avions renoncé à tout espoir de trouver des habitants en cet endroit, et nous savions que c'était des naturels du pays que nous devions attendre les instructions géographiques qui nous aideraient à aplanir les difficultés et à continuer notre course. » [2]

Deux chasseurs esquimaux, Ikmalick et Apelagliu, reçus dans le carré du *Victory*.

À cette époque, il n'est pas courant de rendre hommage à ces Esquimaux « amenés sans doute à disparaître », comme le fait John Ross. L'Écossais admire leurs qualités et leurs facultés d'adaptation. À leur contact, il comprend que, pour survivre, il faut adopter des méthodes ancestrales. Se vêtir comme eux, manger comme eux, se déplacer comme eux. C'est une philosophie qui répugnera longtemps à la marine anglaise, comme l'atteste encore cinquante ans plus tard l'expédition de Nares au pôle Nord, qui se soldera par la mort de trois hommes, le scorbut pour quarante autres, et un retour forcé en Angleterre après seulement un hivernage…

L'été suivant, Ross ne peut dégager son navire que de quelques milles à peine et hiverne à Sheriff Harbour. C'est lors de cet hivernage que sera accomplie la plus belle expédition de reconnaissance. Elle est à mettre au crédit de James Clark Ross. Au cours de cette mission d'investigation vers l'ouest, il découvre le pôle Nord magnétique,

[2] John Ross, *Relation du second voyage à la recherche d'un passage du Nord-Ouest fait par sir John Ross*, J.-P. Méline, Bruxelles, 1835.

tout au nord-ouest de la péninsule de Boothia (ainsi nommée en l'honneur du sponsor de l'expédition, Booth), et aussi, sans le savoir, l'île du Roi-Guillaume, qu'il prend injustement pour une presqu'île, en raison de l'altitude nulle des terres et de l'absence de crêtes de compression sur la glace, pouvant trahir le moindre passage sur la banquise. James Clark Ross érige un cairn à Victory Point et lève une carte aussi loin que porte sa lunette ; il nomme ainsi John Franklin's Point. Il sait qu'à vol d'oiseau le Turnagain Point [3], relevé par sir John Franklin lors de son expédition terrestre de 1818-1822, n'est qu'à trois cent vingt kilomètres environ. Par manque de ravitaillement, il renonce à y aller.

L'hiver s'achève. Forts de ces découvertes géographiques, les hommes de Ross sont impatients de regagner l'Angleterre. Mais le bateau est bloqué par la glace qui tarde à se disloquer, et il faut se résoudre à un nouvel hivernage à Victoria Harbour, non loin des deux premiers sites d'hivernage (Felix Harbour et Sheriff Harbour). Le climat ne s'améliorant pas, l'année 1831 s'achève sans aucune possibilité de remonter vers le nord. Les tensions s'exacerbent à bord du navire entre Ross et son neveu, d'autant que Ross est décidé à s'approprier les découvertes de ce dernier. Les deux hommes occupent la même cabine, et il se passe parfois des journées entières sans qu'ils ne se parlent. Les hommes d'équipage prennent parti. L'ambiance est devenue exécrable. Heureusement, les visites des Esquimaux distraient les Britanniques, qui leur apprennent des rudiments de football sur la banquise. Avec le consentement des maris, les femmes esquimaudes sont louées pour la satisfaction sexuelle des hommes d'équipage. Les Esquimaux connaissent en effet les ravages de la consanguinité et tolèrent en conséquence un brassage génétique avec les hommes venus d'autres horizons.

Un quatrième hivernage s'annonce donc, et Ross est désormais convaincu qu'il ne pourra s'extraire de sa prison de glace. Il décide d'abandonner son navire et de partir à pied vers Fury Beach, à près

3. C'était le point le plus éloigné sur Kent Peninsula, atteint par Franklin.
4. John Ross, *Relation du second voyage à la recherche d'un passage du Nord-Ouest fait par sir John Ross, op. cit.*

de cinq cents kilomètres au nord, en comptant sur les dépôts de nourriture de Parry. L'équipage semble d'accord pour se sauver au plus vite de ce piège à rats, d'autant plus qu'il n'y aura pas assez de vivres s'il reste à Elizabeth Harbour.

« Nous arborâmes notre pavillon et nous le clouâmes au mât ; nous bûmes un dernier verre de grog pour prendre congé de notre pauvre vaisseau ; et, ayant fait sortir tout mon équipage avant moi dans la soirée, je fis mes derniers adieux au *Victory*, qui méritait un autre sort. C'était le premier vaisseau que j'eusse jamais été forcé d'abandonner, après avoir servi pendant quarante-deux ans à bord de trente-six bâtiments divers. » [4]

À court de vivres, les hommes sont réduits aux deux tiers de ration. Ils doivent tracter les chaloupes, le matériel et les vivres. C'est maintenant une véritable course contre la montre qui est engagée. Un nombre incalculable de portages est effectué tous les jours. John Ross a calculé que, pour avancer d'une quarantaine de kilomètres, il a fallu faire plus de cinq cents kilomètres de portage en un mois.

Chasse aux bœufs musqués. James Clark Ross abat l'un d'eux d'un coup de fusil.

Travail harassant, mais inévitable, car la marche vers le nord est devenue une question de vie ou de mort.

« L'état de la glace, à cette époque avancée de l'année, ne laissait aucun espoir. La mer, de tous côtés, et aussi loin que la vue pouvait s'étendre, n'était qu'une masse solide d'énormes pièces de glace soudées ensemble : les crevasses que nous avions remarquées, sur les terrasses le long de la côte, avaient leur surface couverte d'une glace aussi solide que le reste de la mer. Tout était rocher ; il semblait qu'il ne dût plus y avoir jamais une goutte d'eau dans ces parages. Mais quoi qu'il pût arriver, il était alors bien évident que le vaisseau ne pouvait être dégagé cette année des glaces qui l'entouraient. Il était donc du moins satisfaisant pour nous de pouvoir être assurés que nous ne l'avions pas quitté avec trop de précipitation, et que nous n'avions pas d'autre parti à prendre que celui que nous avions pris. » [5]

Progression en traîneau près de la rivière Saumarez.

Une cabane
de dix mètres de long
est construite
à Somerset Island.

Ces rotations incessantes et exténuantes ont définitivement miné le moral des hommes. Ross raconte ainsi la journée du 3 juin :
« Nos hommes paraissaient alors très fatigués, et l'enseigne Blanky, qu'ils choisirent comme porte-parole, me demanda de laisser en cet endroit (Eclipse Harbour) les barques et une partie des provisions, et de marcher en droite ligne vers Fury Beach. J'avais déjà soupçonné qu'il se tramait quelque chose de semblable. Comme nous ne pouvions laisser nos ressources dans un endroit où il nous serait impossible de revenir, non seulement je répondis par un refus formel, mais j'ordonnai que l'on se mît en marche, d'un ton sur lequel on ne pouvait se méprendre et après avoir réprimandé l'ambassadeur de l'extrême inconvenance de sa démarche. C'était le premier symptôme de mutinerie qui se fût jamais manifesté. » [6]
Fury Beach est enfin en vue, avec ses formidables dépôts de vivres. On y construit une cabane de dix mètres de long, et l'on se remet en marche le long de la côte est de Somerset Island.
Le point le plus au nord est atteint, mais, aussi loin que portent les yeux, ce ne sont que des champs de glace denses et quasiment immobiles. Très abattu, John Ross ordonne le retour vers Fury

[5 & 6] *Ibid.*

Beach et prépare le quatrième hivernage. Chacun se plaît quand même à rêver que l'année suivante sera enfin la bonne. Chacun, sauf le charpentier Chimham Thomas qui décède. Ce sera la seule perte de l'expédition ! À défaut d'espérer la venue des Esquimaux, généreux pourvoyeurs de viande fraîche, les hommes peuvent compter sur les réserves de vivres, qu'il faut toutefois gérer. Ross et ses compagnons sont devenus des spécialistes du renard rôti.
L'année suivante, les chaloupes sont minutieusement vérifiées, et c'est avec une très grande émotion que les marins peuvent enfin naviguer

Sauvetage inespéré

« À 4 heures du matin, tandis que nous dormions tous, David Wood, qui était en vigie, crut découvrir une voile en mer. Il en informa immédiatement le commandant Ross qui, à l'aide de son télescope, reconnut bientôt que c'était réellement un navire. Un instant suffit pour nous faire tous sortir de nos tentes et, rassemblés sur le rivage, nous cherchâmes à distinguer les agrès de ce bâtiment, et nous fîmes des hypothèses sur sa destination et sur la marche qu'il suivait. Quelques-uns d'entre nous, ceux qui voyaient tout en noir, soutenaient encore que ce n'était qu'une montagne de glace.

« Cependant nous ne perdîmes pas de temps ; les barques furent lancées en mer, et nous fîmes des signaux en brûlant de la poudre humide. Enfin nous sortîmes du havre à 6 heures. Notre marche fut lente, car nous n'avions que des vents légers et variables, et souvent interrompus par des calmes. [...]

« Il fallait soutenir le courage de nos hommes en les assurant de temps en temps que nous approchions d'un de ces navires. Fort heureusement survint un calme qui nous fit gagner tant de terrain qu'à 11 heures nous le vîmes mettre en panne, toutes ses voiles coiffées, et envoyer en mer une barque qui s'avança sur-le-champ vers les nôtres.

« Elle fut bientôt bord à bord avec la mienne, et l'officier qui commandait nous dit qu'il présumait que nous avions éprouvé quelque accident et que nous avions perdu notre bâtiment. Je lui répondis qu'il ne se trompait pas ; je lui demandai le nom de son navire, et lui exprimai notre désir d'être reçus à bord. Il me dit que son bâtiment était l'Isabella HMS, de Hull, commandé autrefois par le commandant Ross. Je lui répondis que j'étais moi-même le commandant Ross, et que les hommes qui m'accompagnaient formaient l'équipage du Victory. Je ne doute pas que cet officier n'ait été réellement aussi surpris qu'il le parut en m'entendant parler ainsi, car il me répliqua, avec ce ton d'incrédulité brusque assez ordinaire en pareille occasion, qu'il y avait deux ans que j'étais mort. Cependant, il ne me fut pas difficile de le convaincre que ce qu'il regardait comme une vérité incontestable était une conclusion un peu prématurée ; car s'il avait pris le temps de bien nous considérer, il aurait vu à notre costume qui nous faisait ressembler à des ours que nous ne pouvions appartenir à un baleinier, et que nous portions sur

sur une eau libre de glaces. Mais les conditions météorologiques sont capricieuses et les vents violents. En 1833, Ross et ses compagnons sont considérés comme morts par l'Amirauté britannique. Le 26 août 1834 pourtant, au large de la péninsule de Brodeur, la délivrance survient après cinq années d'expédition et quatre hivernages.

le dos, sur notre longue barbe, et dans notre maigreur, d'assez bonnes preuves que je lui disais la vérité. [...]
« Nous avions peine à comprendre comment nous avions pu échapper à de tels dangers sans éprouver aucune avarie considérable, et nous devions en remercier le ciel. [...] Pour ceux qui n'ont pas vu l'océan Arctique en hiver – qui ne l'ont pas vu, devrais-je ajouter, pendant une tempête –, le mot glace *ne rappelle que le souvenir de celle qu'ils ont vue au repos sur un lac ou un canal dans l'intérieur des terres ; il ne peut donner une idée de ce que le navigateur est destiné à éprouver dans les mers du Nord. Qu'ils se figurent donc que la glace est une pierre, un roc flottant dans la mer, lequel devient une île ou un promontoire quand il est échoué, aussi solide que si c'était une masse de granit. Qu'ils se représentent, s'ils le peuvent, ces montagnes de cristal entraînées dans un passage par une marée rapide, s'entrechoquant, comme des rochers qui se rencontreraient, avec un bruit semblable à celui du tonnerre, s'arrachant mutuellement d'énormes fragments, se brisant les unes les autres, perdant enfin leur équilibre en tombant dans la mer, soulevant les vagues et y excitant des tourbillons, tandis que les champs de glace, poussés contre ces masses ou contre ces rochers par le vent et la marée, s'élèvent hors de la mer en fragments qui retombent sur eux-mêmes, et qui ajoutent ainsi à la confusion et au bruit qui en sont la suite, et qu'il est impossible de décrire.*
« Ce n'est pas peu de chose, que de connaître et de sentir son entière impuissance en pareil cas. Il n'y a pas un instant où l'on puisse conjecturer ce qui arrivera l'instant qui va suivre. Si le bruit, le mouvement, le tumulte dont on est environné détournent l'attention et l'empêchent de se fixer sur rien, il faut pourtant qu'elle soit toujours sur le qui-vive, afin de saisir le premier moment qui peut se présenter pour remédier au mal ou échapper au danger. Avec tout cela cependant – et c'est la tâche la plus difficile –, il n'y a rien à faire, nul effort à tenter ; et quoique la vue seule du mouvement qui l'entoure porte le marin à l'activité, quoiqu'il puisse à peine réprimer l'instinct qui nous presse de songer à notre sûreté dans les cas de danger, il faut qu'il s'arme de patience, comme s'il était spectateur indifférent et désintéressé, et qu'il attende de son mieux le destin qu'il ne lui est possible ni de modifier ni d'éviter. » [7]

[7] *Ibid.*

JOHN FRANKLIN

LE PLUS GRAND MYSTÈRE DE LA CONQUÊTE ARCTIQUE

1845

Le combat des derniers hommes de Franklin.

Sir John Barrow, tenace et infatigable organisateur des expéditions polaires du début du XIXe siècle, aurait préféré confier cette nouvelle mission polaire à sir James Clark Ross, héros de l'Angleterre victorienne fraîchement revenu de l'Antarctique. Mais ce dernier vient de décliner la proposition. (Selon certaines sources, il aurait promis à ses beaux-parents de ne plus repartir ; selon d'autres, il aurait dit qu'à 44 ans, il n'avait plus l'âge pour une telle expédition…)

Faute de s'attacher les services de Ross, l'Amirauté britannique pourra néanmoins compter sur ses cent vingt-neuf hommes d'équipage et officiers – parmi les meilleurs de la marine anglaise – et sur ses deux navires modernes dotés de moteurs, le *Terror HMS* et l'*Erebus HMS*, qui ont navigué avec succès dans les eaux du pôle Sud, réputées les plus hostiles de la planète.

Dans les coulisses du ministère de la Marine, il aura fallu bien des consultations et des négociations pour nommer John Franklin

John Franklin.

commandant en chef de l'expédition polaire à la recherche du passage du Nord-Ouest. Franklin n'est pourtant pas un novice ; c'est même une des figures de la marine. Il a combattu à Trafalgar, navigué au nord du Spitzberg, organisé et mené deux expéditions majeures dans les Barren Grounds canadiens, ces terres désolées au nord du continent américain... En somme, il possède toutes les qualifications requises si ce n'était son âge : il a 59 ans. Mais s'il reconnaît être trop âgé pour mener une expédition terrestre exténuante, il ne l'est pas pour une dernière expédition maritime. En définitive, la nomination de Franklin est davantage celle du cœur que celle de la raison.

Les ordres de Franklin sont clairs et précis. Une des grandes nouveautés de cette expédition réside dans l'utilisation de moteurs à vapeur d'une puissance de vingt chevaux. Dans les meilleures conditions, les machines permettront d'avancer à la vitesse de quatre nœuds à l'heure. Autant dire à la vitesse d'un homme qui court. Des approvisionnements considérables sont faits pour une durée de trois ans. On note, entre autres, soixante tonnes de farine, quatorze tonnes de viande de bœuf, autant de viande de porc, et

Directives données à sir John Franklin

*« L'objet du voyage est la découverte de la petite partie encore inconnue du passage du Nord-Ouest. Le commandement suprême en incombe au commandant sir John Franklin. Il appareillera à bord de l'*Erebus *dès que la préparation en sera achevée. Le* Terror *l'accompagnera, ainsi que le* Barretto junior, *qui servira de navire de ravitaillement.*

« Le commandant Franklin devra naviguer vers le détroit de Davis, autant vers le nord que possible, sans risquer de voir prendre le Barretto junior *par la glace. Les provisions et le ravitaillement seront alors transbordés, et le Barretto junior repartira vers l'Angleterre avec les premiers rapports du commandant Franklin.*

*« Le commandant Franklin devra naviguer vers la baie de Baffin selon les instructions de l'*ice master [1].

« Quand sir John Franklin aura passé le détroit de Béring, il devra rallier les îles Sandwich et y trouver l'opportunité d'y envoyer un officier, qui acheminera des rapports en Angleterre. Sinon, il devra gagner Panamá et, de là, envoyer un officier en Angleterre pendant qu'il contournera le cap Horn pour rallier l'Angleterre.

« S'il est nécessaire d'hiverner, les navires devront être sécurisés, si possible dans des ports naturels sains.

quelque quinze tonnes de viande de conserve, ainsi que quatre mille litres de jus de citron, afin de prémunir l'expédition contre le scorbut – ce qui se révélera pourtant insuffisant. Le navire de ravitaillement, le *Barretto junior*, embarque même dix bœufs vivants, qui seront tués au Groenland, dépecés et transbordés à bord du *Terror HMS* et de l'*Erebus HMS*.
Le 19 mai 1845, les trois navires appareillent sur la Tamise. Lors du voyage vers la côte ouest du Groenland, les officiers notent l'ambiance – excellente – qui règne à bord, l'extrême confiance dans la mission et la dévotion de l'équipage envers son commandant. Conformément aux ordres, les correspondances de Franklin sont envoyées en Angleterre, et les autorités concernées ne peuvent que se féliciter de l'admirable état d'esprit et de l'optimisme qui règnent à bord des bateaux.

À la fin juillet 1845, le *Terror HMS* et l'*Erebus HMS* côtoient deux baleiniers pendant quelques jours. Le patron d'un des deux navires échange même quelques mots avec sir John Franklin, qui lui assure qu'il a assez de ravitaillement pour les cinq ans à venir – voire six, s'il

Le commandant devra être prévoyant pour la santé de ses hommes. Les Indiens et les Esquimaux qu'il rencontrera seront considérés comme des amis et traités comme tels. Des cadeaux leur seront faits. Cependant, sir John Franklin devra toujours rester sur ses gardes. Si possible, il devra amener ces populations, par le biais de récompenses, à porter des dépêches aux postes avancés de la baie d'Hudson.
« Le choix d'hiverner ou de rentrer en Angleterre lors de la première saison est laissé à la discrétion de sir John Franklin.
« Les deux navires ne doivent pas se séparer. Le commandant Crozier devra être tenu informé des décisions de sir John Franklin.
*« Les observations scientifiques et les découvertes faites par l'*Erebus *devront être échangées fréquemment avec celles faites par le* Terror.
« Afin de déterminer les courants et de s'offrir les meilleures chances d'avoir des nouvelles de l'expédition, des cylindres de cuivre ou des bouteilles devront être jetés à l'eau assez fréquemment, dès que la latitude de 65° nord sera dépassée. Chaque cylindre contiendra un des formulaires mentionnant la date et la position des navires. S'ils sont séparés, une procédure identique devra être appliquée par le commandant du Terror. »

[1] On désignait ainsi le pilote des glaces, l'homme placé en vigie chargé d'apprécier la qualité de la glace, ses mouvements, et d'en déduire la route à prendre. C'était souvent un homme ayant une grande expérience de la navigation dans les mers arctiques.

trouve du gibier en route. Ce sera le dernier à voir les membres de l'expédition avant que les navires ne gagnent le détroit de Lancaster. À quoi ressemble ce détroit ? C'est un immense chenal de soixante kilomètres de large, qui s'enfonce sur plusieurs centaines de kilomètres vers l'ouest. Une vraie mer en quelque sorte, avec parfois une forte houle, pour peu qu'il y ait eu récemment une tempête – et elles sont fréquentes dans le détroit de Davis ! En cette période de l'année, la glace a disparu, et seuls quelques icebergs rompent la monotonie de la progression. Par vent d'est, la navigation se fait vent arrière ; s'il vient de l'ouest, il faut tirer des bords. Il importe de se méfier de la glace qui a tendance à s'accumuler au sud du détroit, c'est-à-dire au nord de Somerset Island et de la terre de Baffin.

Le *Terror* et l'*Erebus* durant leur premier hivernage (1845-1846) dans la baie située au nord de Beechey Island.

La première partie de la mission a dû être facile jusqu'au cap Walker. À l'entrée du détroit de Peel, le décor peut changer brutalement. C'est un détroit souvent encombré par les glaces qui peuvent totalement faire obstruction. Selon les saisons, c'est un piège ou une clef d'accès au passage du Nord-Ouest.
Que fait Franklin ? Il suit scrupuleusement les ordres et remonte le canal de Wellington au nord. En cela, il est appuyé par son commandant en second, Francis Fitzjames, partisan de forcer le passage du Nord-Ouest. La saison avance, et l'on sait qu'au-delà

Francis Fitzjames.

Baie du *Terror*
et de l'*Erebus*,
dans laquelle Franklin
passe l'hiver 1845-1846.

du 15 août, les premières tempêtes peuvent se déchaîner. Au nord de Cornwallis, Franklin rencontre très certainement un verrou de glace qui l'empêche de progresser davantage, et il doit se résoudre à descendre la côte ouest de l'île. Il ne manque pas de cartographier ses premières découvertes et, lors de cette première année d'exploration, il établit l'insularité de la terre de Cornwallis et découvre un détroit entre Bathurst Island et Cornwallis Island.
Revenu dans le détroit de Barrow, peut-être tente-t-il de forcer à nouveau le détroit de Peel. La saison avançant, il finit par hiverner avec ses deux navires dans un des endroits les plus remarquables de la région, à l'abri des falaises de Beechey Island. Une presqu'île au sud-ouest de Devon Island, reliée à celle-ci par une mince langue de sable.

En Angleterre, personne ne doute du succès de l'expédition ; les meilleurs navires, la crème des officiers, des machines à vapeur, des vivres pour au moins trois ans... On attend l'expédition. Mais 1846 passe, sans nouvelles. Rien non plus en 1847.
Au printemps 1848, l'Amirauté ordonne enfin deux expéditions de recherche. L'une est conduite par sir James Clark Ross, revenu sur sa décision de ne plus embarquer. Il a pour mission de pousser aussi loin vers l'ouest que Melville Island et Banks Island, à travers le détroit de

Lancaster. Une autre expédition, terrestre celle-là, est menée par le docteur John Richardson (compagnon de Franklin lors de ses deux expéditions terrestres). Il doit remonter la rivière Mackenzie jusqu'à la côte arctique et faire des recherches à l'est de la terre Victoria. Aucune de ces expéditions ne rapportera de nouvelles de Franklin.

Lady Franklin, la seconde épouse de Franklin, remue ciel et terre pour obtenir de l'Amirauté l'envoi de nouvelles expéditions. Elle ouvre des souscriptions, rédige de nombreuses lettres afin d'obtenir des aides... Le tsar de Russie lui-même l'assure de son soutien. C'est une vraie fièvre polaire qui s'empare de l'Europe. Tout le monde est persuadé qu'il est arrivé quelque chose à l'expédition, sans pour autant encore parler de désastre. Chacun y va de son commentaire et émet son hypothèse : d'aucuns pensent qu'elle a tenté sa chance au nord du canal de Wellington, d'autres qu'elle est bloquée par la banquise au niveau de Melville et Banks, d'autres encore (comme lady Franklin) qu'elle est au sud-ouest du cap Walker, comme ses ordres le prévoyaient, bloquée par la glace. En 1850, dix navires partent pour l'Arctique canadien.

Portrait de lady Franklin.

William Penny, un capitaine baleinier, va s'y illustrer. Soutenu par l'indomptable lady Franklin auprès de l'Amirauté britannique, il se voit confier par celle-ci le commandement de deux navires ; le *Lady Franklin HMS* et le *Sophia HMS*. Sir John Ross, âgé de 71 ans, repart également à la tête de deux navires, et tient ainsi la promesse faite à son ami cinq ans auparavant d'aller à sa recherche s'il restait prisonnier des glaces. L'expédition ne compte donc pas moins de quatre navires. Commandée par Horatio Austin, c'est la mission la plus coûteuse jamais mise sur pied.
C'est pourtant un nouvel échec. Manifestement, on ne cherche pas dans la bonne direction. Cependant, la cartographie de la région progresse, comblant les blancs de la carte arctique. L'histoire retiendra surtout qu'Edward Belcher, commandant de l'opération de sauvetage, abandonne ses navires emprisonnés dans les glaces, et que l'un d'eux, le *Resolute HMS*, est libéré par miracle de l'étreinte de la banquise, dérive vers le détroit de Davis, avant d'être récupéré par un baleinier américain et ramené à bon port !

Mais les Anglais ne sont désormais plus seuls dans l'affaire. En 1853, lady Franklin a en effet obtenu du millionnaire américain Henry Grinnell l'armement de deux navires en route pour le détroit de Lancaster, qui sont commandés par Edwin De Haven. Celui-ci a pour mission d'explorer le détroit de Jones parallèle au détroit de Lancaster, deux cents kilomètres plus au nord. Mais les conditions de glace sont telles que les six navires hivernent à Beechey Island, incapables de suivre leurs ordres.

Il faut imaginer cette région de l'Arctique absolument déserte, balayée par les vents, glaciale (le froid y descend fréquemment jusqu'à – 50 °C). Et voilà que des centaines d'hommes s'y établissent le temps d'un hiver et organisent de longues randonnées en traîneau à la recherche d'indices.

Un jour, tandis que Penny, De Haven et Kane, médecin à bord de l'expédition américaine, devisent sur les projets d'exploration à venir, un homme accourt vers le groupe, gesticulant et hurlant : « Des tombes, capitaine Penny, des tombes ! Les quartiers d'hiver de Franklin ! » Tout va très vite. Outre les tombes de trois matelots, d'autres « reliques » de l'expédition Franklin sont retrouvées et ne laissent aucun doute sur ce premier lieu d'hivernage : des cordages, des vêtements, des couvertures, sans compter six cents boîtes de conserve vides. Mais ce sont surtout ces tombes qui retiennent l'attention des sauveteurs. Le mystère Franklin continue de s'épaissir. On grimpe sur la colline qui mène au sommet de Beechey Island et l'on découvre un cairn que les marins, à la recherche d'un message, ont tôt fait de démolir. Mais l'enthousiasme retombe vite. Le cairn est vide. L'Amirauté n'a jamais demandé à Franklin d'y laisser des messages. Lors de son départ, John Ross l'avait pourtant prié de le faire, mais Franklin avait trouvé l'idée absurde…

La tâche des sauveteurs est urgente et incertaine. Où aller ? Vers le nord, le canal de Wellington ? Nul ne sait où il mène. Vers le sud à travers le détroit du Prince-Régent ? Ross y est resté bloqué quatre hivers de suite, et peut-être Franklin a-t-il subi le même sort. Vers l'ouest en allant au-delà, ou en deçà, de l'expédition de Parry en 1819 ? Ou encore vers le sud-ouest, dans le détroit de Peel, au sud-ouest du cap Walker ?

Double-page précédente : Le *Phœnix* et le *Talbot* sont envoyés en 1854 pour ravitailler l'expédition de Belcher. Ils ramèneront en fait les équipages des quatre navires abandonnés par Belcher, et celui de Mc Clure !

La tombe de John Torrington, âgé seulement de 20 ans, mort lors du premier hivernage de Franklin sur Beechey Island.

Équipe tractant un traîneau sur la banquise durant les recherches de sir Franklin du commandant Belcher.

Des équipes sont lancées sur la banquise dans toutes les directions. Mais le rayon d'action est trop faible et, en dépit de nouvelles découvertes cartographiques, force est de constater qu'aucun autre indice de l'expédition Franklin n'est retrouvé.

C'est finalement le docteur John Rae qui étonne l'Angleterre en 1854, en donnant des nouvelles de l'expédition Franklin. Rae n'est pas comme les autres explorateurs de l'ère victorienne. Employé par la compagnie de la baie d'Hudson, il a compris que dans l'Arctique on voyage léger, on s'habille, on mange et on chasse comme les Esquimaux. Il y a là un formidable décalage avec la façon de penser habituelle des Occidentaux. Les Esquimaux n'étant pas des sauvages et ayant vécu pendant des millénaires dans ces contrées, Rae est convaincu qu'on doit les imiter en tout si l'on veut survivre dans l'un des environnements les plus hostiles de la planète.

Rae n'est pas non plus le premier venu : il a déjà à son actif plusieurs expéditions tout au nord du continent américain. Et cette fois, en 1853, il veut déterminer si l'île du Roi-William est une île ou une presqu'île, de même pour Boothia.

C'est à Repulse Bay que Rae a rencontré une tribu d'Esquimaux qui lui a rapporté la découverte d'un charnier d'hommes blancs à l'embouchure de la rivière du Grand Poisson. De l'argenterie gravée au nom de Franklin a été retrouvée. C'est la preuve irréfutable que l'on est sur la bonne piste.

« Au printemps, il y a quatre hivers de cela (1850), quarante hommes ont été vus par des Esquimaux qui chassaient le phoque dans le voisinage d'une grande île, nommée l'île du Roi-William. Ces hommes voyageaient vers le sud et tiraient une barque et des traîneaux sur la glace. Aucun d'eux ne parlait la langue esquimaude, mais ils leur ont fait comprendre par signes qu'un ou plusieurs navires avaient été brisés par les glaces et qu'ils cherchaient du gibier. À l'exception d'un officier, tous les hommes étaient maigres, et ils tiraient péniblement leurs traîneaux avec des cordes. On suppose qu'ils étaient à court de vivres et on sait qu'ils achetèrent un phoque aux indigènes.

« Selon les Esquimaux, l'officier était de grande taille et corpulent, entre deux âges. Après une journée de marche, ils ont installé les tentes pour s'y reposer. Plus tard, on découvrit les corps de trente individus sur le continent et cinq autres sur une île voisine, à une longue journée de marche au nord-ouest d'une large rivière – nommée Oot-koo-hi-ca-lik par les Esquimaux –, qui ne peut être que la rivière du Grand Poisson, dans la mesure où sa description et celle de la côte voisine de Point Ogle et de l'île de Montréal correspondent aux indications fournies par sir George Back. Quelques-uns des corps étaient sous des tentes ; d'autres sous le bateau renversé pour former un abri, plusieurs étaient dispersés dans diverses directions. L'un des corps trouvés dans l'île est peut-être celui d'un officier, il portait en effet un télescope suspendu à l'épaule et son fusil à deux coups était près de lui.

« D'après l'état de mutilation de la plupart des corps et le contenu des chaudières, il est évident que nos malheureux compatriotes avaient été réduits à la dernière extrémité, le cannibalisme, pour prolonger leur existence.

« Quelques-uns de ces malheureux doivent avoir survécu jusqu'à l'arrivée des oies sauvages, à la fin du mois de mai. On a entendu des coups de fusil, et des arêtes ainsi que des plumes d'oie jonchaient le sol près du théâtre de ces tristes événements. » [2]

[2] John Rae, « Sir John Franklin and his crews », *Household Words*, 1855.

Le récit de Rae est d'abord publié dans le *Times,* en octobre 1854. Inutile de transcrire le sentiment d'épouvante qui s'empare du peuple anglais ! L'expédition en aurait-elle été réduite au cannibalisme ? C'est impossible, pense-t-on : des Anglais ne peuvent manger leurs compatriotes. Rapidement, l'idée se répand que les marins ont été abattus par les Esquimaux. Dickens est d'ailleurs le premier à défendre cette idée.

Lady Franklin accuse le coup et mobilise toutes les forces vives du pays afin de connaître la terrible vérité sur le sort de son mari et de ses compagnons. Sur la scène internationale, l'Angleterre vient de s'allier à la France et à la Turquie, et entre en conflit avec les Russes dans la guerre de Crimée. Le contexte n'est pas des meilleurs pour rallier l'appui de l'Amirauté britannique. Pourtant, avec la fin de la guerre, en 1855, et l'obstination de lady Franklin, Francis Leopold Mc Clintock, l'un des meilleurs officiers d'alors, se voit confier le *Fox HMS* et la mission d'explorer l'île du Roi-William.

« Peu après minuit ce 24 mai, alors que près du rivage nous longions lentement l'arête de gravier que les vents laissaient libre de neige par endroits, je découvris soudain un squelette humain que la glace laissait en partie apparaître, avec ici et là des lambeaux de vêtements. À présent entièrement blanchi, il gisait face contre terre, les os abîmés ou complètement rongés par de petits animaux... Près de lui, un carnet offrait de bonnes raisons d'espérer mieux connaître l'identité du malheureux et la marche désastreuse de Franklin et des siens, mais il était gelé...
« C'était un jeune homme mince dont la taille excédait peut-être la moyenne. À son vêtement, il semblait être intendant ou domestique d'un officier. Son foulard, attaché au moyen d'un nœud lâche, n'était pas celui d'un marin ou d'un officier. Chaque détail de son habit confirmait nos hypothèses quant à son rang et à son emploi à la fin de l'expédition – par exemple son grand manteau de pilote aux boutons tout simples et doublé, ou sa veste bleue aux manches à crevés et à la bordure tressée. Près du squelette, nous découvrîmes aussi une brosse à vêtements et un peigne de voyage en corne. Comme le laissait penser cette marche épuisante, sans doute l'infortuné avait-il choisi d'escalader l'arête et était tombé face contre terre dans la position où nous le trouvâmes. » [3]

[3] Leopold Mc Clintock, *Voyage of the Fox in the Artic Seas*, Hurtig Publishers, Edmonton, 1972.

Les découvertes de l'expédition Mc Clintock ne s'arrêtent pas là. Le lieutenant William Hobson, commandant en second, découvre un cairn à Victory Point au nord-ouest de l'île du Roi-William. Contrairement à celui de Beechey Island, il renferme un message édifiant daté du 25 avril 1848 qui explique que le *Terror HMS* et l'*Erebus HMS*, pris par les glaces le 12 septembre 1846, ont été abandonnés le 22 avril à vingt kilomètres environ au nord-ouest de l'île du Roi-William. Sous les ordres du capitaine Crozier, les officiers et l'équipage sont désormais au nombre de cent cinq.

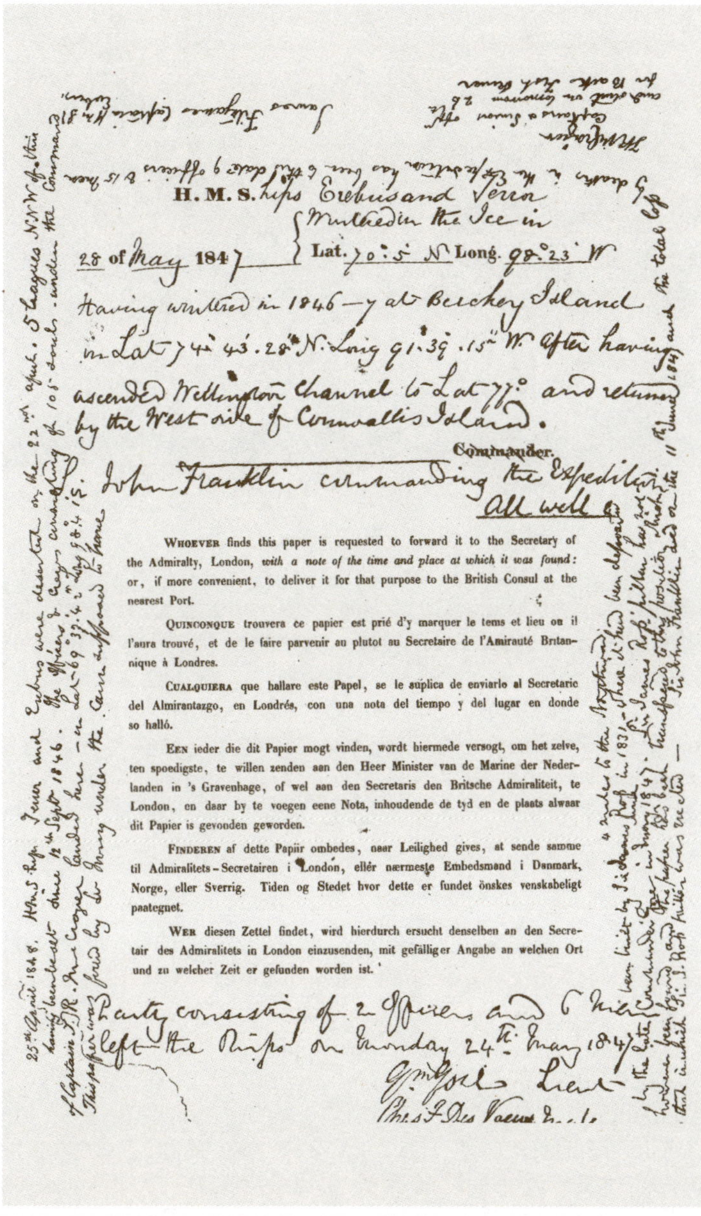

H. M. S.hips Erebus and Terror
Wintered in the Ice in
Lat. 70°5' N Long. 98°23' W
28 of May 1847

Having wintered in 1846—7 at Beechey Island in Lat 74°43'28" N. Long 91°39'15" W. After having ascended Wellington Channel to Lat 77° and returned by the West side of Cornwallis Island.

Commander.

Sir John Franklin commanding the Expedition.

All well

WHOEVER finds this paper is requested to forward it to the Secretary of the Admiralty, London, *with a note of the time and place at which it was found*: or, if more convenient, to deliver it for that purpose to the British Consul at the nearest Port.

QUINCONQUE trouvera ce papier est prié d'y marquer le tems et lieu ou il l'aura trouvé, et de le faire parvenir au plutot au Secretaire de l'Amirauté Britannique à Londres.

CUALQUIERA que hallare este Papel, se le suplica de enviarlo al Secretaric del Almirantazgo, en Londrés, con una nota del tiempo y del lugar en donde so halló.

EEN ieder die dit Papier mogt vinden, wordt hiermede versogt, om het zelve, ten spoedigste, te willen zenden aan den Heer Minister van de Marine der Nederlanden in 's Gravenhage, of wel aan den Secretaris den Britsche Admiraliteit, te London, en daar by te voegen eene Nota, inhoudende de tyd en de plaats alwaar dit Papier is gevonden geworden.

FINDEREN af dette Papiir ombedes, naar Leilighed gives, at sende samme til Admiralitets-Secretairen i London, ellér nærmeste Embedsmand i Danmark, Norge, eller Sverrig. Tiden og Stedet hvor dette er fundet önskes venskabeligt paategnet.

WER diesen Zettel findet, wird hierdurch ersucht denselben an den Secretair des Admiralitets in London einzusenden, mit gefälliger Angabe an welchen Ort und zu welcher Zeit er gefunden worden ist.

Party consisting of 2 Officers and 6 Men left the Ships on Monday 24th May 1847.

Gm. Gore Lieut.
Chas F. Des Voeux Mate

25th April 1848. HM Ships Terror and Erebus were deserted on the 22nd April. 5 leagues NNW of this having been beset since 12th Sept 1846. The Officers & Crews consisting of 105 souls under the command of Captain F.R.M. Crozier landed here in Lat 69°37'42" Long 98°41' W. This paper was found by Lt. Irving under the cairn supposed to have been built by Sir James Ross in 1831 — 4 miles to the Northward where it had been deposited by the late Commander Gore in June 1847. Sir James Ross' pillar has not however been found and the paper has been transferred to this position which is that in which Sir J. Ross' pillar was erected — Sir John Franklin died on the 11th June 1847 and the total loss by deaths in the Expedition has been to this date 9 officers & 15 men.

F.R.M. Crozier Captain & Senior Offr. and start on tomorrow 26th for Back's Fish River.

James Fitzjames Captain HMS Erebus

Message signé par Franklin, finissant par « *all well* ». L'écriture de Crozier (ci-dessous) compléte le message dans la marge et annonçe le drame qui se joue.

Arrimage du *Terror* et de l'*Erebus* dans la banquise.

Sir John Franklin est mort le 11 juin 1847, et les pertes totales jusqu'à présent sont de neuf officiers et quinze hommes. De façon surprenante, ces lignes tragiques sont griffonnées autour du message d'origine écrit par Franklin, qui stipulait que tout allait bien, que les bateaux avaient hiverné à Beechey Island, qu'ils avaient traversé le canal de Wellington et étaient revenus par le détroit à l'ouest de Cornwallis. Que s'est-il donc passé entre le fameux « *all well* » du 28 mai 1847 et ce message dramatique du 25 avril 1848 ? Deux semaines tout juste séparent le message optimiste de Franklin de sa mort !

Mc Clintock confirme donc les premiers témoignages du docteur Rae. Il ne fait quasiment plus aucun doute que l'expédition de Franklin a disparu corps et biens. Jusqu'en 1859, elle aura mobilisé quarante expéditions de recherche et plus de deux mille hommes, et demeure pourtant le plus grand mystère de l'histoire des pôles. Que sont devenus les deux grands navires de l'expédition ? Sir John Franklin a-t-il été enterré ou jeté à la mer selon les traditions navales ? Comment ses hommes sont-ils morts ? Des survivants ont-ils au moins résisté au premier hiver 1848-1849 ?

Bien que les Esquimaux ne connaissent pas l'écriture, ils cultivent avec soin l'art de la tradition orale, dispensé lors des veillées. On peut reprocher à ces récits leur manque de précision concernant la localisation ou la chronologie des événements, mais nul doute qu'un fait aussi important que la présence de deux navires, sources exceptionnelles de bois, et de bandes humaines se traînant sur la banquise, soit restée dans toutes les mémoires…

Au cours des années suivantes, Charles Francis Hall, Knud Rasmussen et Frederick Schwatka, notamment, se rendent sur les lieux de ce terrible drame et interrogent des Esquimaux, témoins oculaires ou indirects rapportant des histoires poignantes. Un vieil homme nommé Iggiararjuk raconte à Rasmussen :

« Lors d'une chasse au phoque sur la côte ouest de l'île du Roi-William, mon père Mangaq était accompagné de Tetqatsaq et de Quablut. Ils entendirent des coups de feu, puis aperçurent trois hommes blancs qui leur firent des signes depuis le rivage. C'était au printemps, l'eau était déjà libre autour de la terre ferme, et il était impossible de les rejoindre avant la marée basse. Très maigres, leurs visages étaient émaciés, et ils semblaient malades. Ils étaient vêtus à la manière des hommes blancs, n'avaient pas de chiens et se déplaçaient en traîneau, qu'ils conduisaient eux-mêmes.

« Ils troquèrent un couteau en échange de viande de phoque et de blanc de baleine, et les deux partis furent enchantés de cet échange. Les hommes blancs préparèrent immédiatement la viande, cuite dans le blanc de baleine, puis la mangèrent. Plus tard, ils furent invités au village et y passèrent la nuit avant de retourner le lendemain à leur petite tente, faite non de peau mais d'une matière entièrement blanche, semblable à la neige. En cette saison, les caribous étaient déjà présents sur l'île du Roi-William, mais les étrangers ne semblaient chasser que les oiseaux, surtout les canards eiders et les lagopèdes qui abondaient alors. La terre n'était pas sortie du sommeil hivernal, et les cygnes n'avaient pas encore rejoint nos terres.

« Mon père et son peuple auraient volontiers aidé les hommes blancs, mais ils ne parlaient pas leur langue ; ils essayèrent néanmoins de se faire comprendre par signes et apprirent ainsi beaucoup de choses. Les hommes blancs leur dirent qu'ils étaient plus nombreux auparavant et qu'ils avaient abandonné leur navire prisonnier des glaces. Ils désignaient le sud, et il était clair qu'ils désiraient rentrer chez eux par voie de terre. On ne sait pas où ils allèrent, et personne ne les revit. » [4]

[4] Knud Rasmussen, *The Netsilik Eskimos, Report of the 5th Thule Expedition*, Glydensdalke Boghandel, Nordisk Forlag, Copenhague, 1931.

Au printemps suivant, le groupe de Tee-kee-ta retourna au sud de l'île du Roi-William dans l'espoir de renouer contact avec les Blancs.

« Au printemps suivant, alors qu'il restait peu de neige sur le sol, Ahlangyah et ses compagnons aperçurent une tente près du rivage, à la pointe du Terror. À l'intérieur se trouvaient des cadavres, d'autres dehors étaient recouverts de sable. Le squelette seul demeurait, rien que les os et les vêtements. Il y en avait un très grand nombre, Ahlangyah ne sut dire combien exactement. Aucun détail ne permit de reconnaître l'un des membres de l'équipage rencontré l'année précédente. Les cordes vocales et les tendons étaient toujours attachés aux os, et un cadavre avait encore de la chair, mais l'estomac avait disparu. Ahlangyah découvrit une ou deux tombes aux alentours. Les Esquimaux ne les ouvrirent pas alors. Des couteaux, des fourchettes, des cuillères, des montres, beaucoup de livres, des vêtements, des couvertures et d'autres objets semblables jonchaient le sol. Ahlangyah et les siens ne prêtèrent pas attention aux livres. » [5]

[5] William Henry Gilder, *Schwatka's Search: Sledging in the Artic in Quest of Franklin's Records*, Charles Scribner and Sons, New York, 1881.

Charles Francis Hall obtient quant à lui un autre témoignage concernant la découverte de la tente occupée par les Anglais dans la baie du *Terror* :

« "Qui s'est rendu là-bas ?" demande l'explorateur.
« "Mong-er, c'est-à-dire Tee-ke-ta et lui-même."
« Je lui demande à présent s'il peut situer sur la carte de Mc Clintock l'emplacement exact de la tente à Ki-ki-tung. Hier et avant-hier, l'Américain a montré à Tee-ke-ta et à ses compagnons les cartes établies par le docteur Rae, Mc Clintock et l'Amirauté. L'Esquimau n'a pas tardé à désigner un endroit au fond de la baie du Terror, un peu au nord d'un point voisin de l'îlot Fitzjames. La tente était plantée au sommet d'une éminence, ou plutôt d'une petite colline sableuse. Vaste, elle était soutenue par des perches et reposait sur deux poteaux perpendiculaires de chaque côté. À demi ensevelies sous la neige, des cordes plus minces partaient de son sommet jusqu'au sol. Elles étaient fixées à des bâtons fichés en terre, et un renard avait rongé l'une d'elles.
« Trois hommes entrèrent d'abord dans la tente, Tee-ke-ta, un autre Esquimau et lui-même.
« "Combien de temps s'est écoulé entre votre rencontre avec les hommes blancs et le jour où vous avez découvert la tente ?
« – C'était au printemps d'après ; un an sépare les deux événements.
« – Qu'avez-vous vu à l'intérieur ?

Crâne découvert sur l'île du Roi-William, sur le chemin de retraite des hommes de Franklin.

« – Des couvertures, du matériel de couchage et un grand nombre d'ossements humains, beaucoup de crânes aussi. Toute la chair avait disparu, il ne restait que les tendons, comme si les loups et les renards avaient tout rongé. Quelques os avaient été découpés à la scie, des crânes étaient troués."

« Lorsque je demandai à Tee-ke-ta combien de crânes ils avaient vus, il me répondit qu'il y en avait trop pour les compter. Le sol semblait couvert d'ossements et la tente était plus vaste que leur igloo, qui faisait plus de sept mètres cinquante de long. Certains squelettes étaient entièrement dépourvus de chair et de tendons.

« "Qu'y avait-il d'autre dans la tente ?"

« Réponse :

« "Des tasses en fer-blanc, des fourchettes et des couteaux, des fusils à deux coups, un pistolet, des plombs et des sacoches contenant de la poudre en grande quantité. Quiconque se rendra là-bas l'été prochain après la fonte des glaces trouvera beaucoup de balles et d'ossements."

« Tout comme Tee-ke-ta, Ahlangyah fit observer que les livres avaient été donnés aux enfants, comme s'il s'était agi de jouets. » [6]

[6] Hall Collections, *Fieldnotes*, book n° 24, Royal Geographical Society.

Au même endroit, Hall interroge une vieille femme. Particulièrement réaliste, son témoignage ne semble laisser aucun doute quant à la véracité des faits rapportés :

« Une vieille femme et son mari découvrirent une tente non loin de Neitchille et, parmi les corps et les ossements humains qui recouvraient le sol, elle aperçut un cadavre qui portait une chaîne d'un blanc brillant (probablement de l'argent) autour du cou. Elle comprit aussitôt ce que c'était, en effet d'autres Esquimaux de Neitchille avaient récemment acheté des chaînes et des montres. Couché sur le côté, le cadavre était à demi pris dans la glace très dure. La chaîne descendait le long du corps, si bien que la montre devait se trouver en dessous. Un travail désagréable et pénible attendait la vieille femme si elle voulait atteindre la montre, d'autant que ni elle ni son mari ne possédaient d'outils adéquats. Il chercha donc de son côté, et elle se mit en quête d'une pierre tranchante et lourde pour retirer peu à peu la glace et libérer le corps.

« La vieille femme n'oubliera jamais les sentiments affreux qu'elle éprouva alors : non seulement la tente était remplie de cadavres gelés – certains entiers, d'autres mutilés par des compagnons affamés qui avaient découpé une grande partie de la chair à l'aide de couteaux et de hachettes, puis l'avaient mangée – mais cet homme était sans doute celui qui avait survécu le plus longtemps, et d'ailleurs il semblait endormi. Retirer la glace qui emprisonnait sa tête et surtout son visage fut pour elle une épreuve, aussi dut-elle interrompre plusieurs fois son travail. Elle prenait garde de ne pas meurtrir le corps alors qu'elle martelait la glace avec la pierre pointue. Après en avoir suffisamment retiré, son mari l'aida à libérer enfin le cadavre de sa gangue de glace. La vieille femme était très mal à l'aise à l'idée de retirer la montre d'entre les vêtements gelés qui habillaient entièrement la dépouille. » [7]

7. J. E. Nourse, *Narrative of the Second Arctic Expedition commanded by Charles Francis Hall*, Government Printing Office, Washington, 1879.

On ne peut manquer de s'interroger sur ce qu'il advint des navires de l'expédition, le *Terror HMS* et l'*Erebus HMS*. Là encore les témoignages des Esquimaux sont précieux. Rasmussen relate par exemple un épisode intéressant :

« Deux frères chassaient le phoque au nord-ouest de Qequertaq (l'île du Roi-William). C'était au printemps, au moment où la neige fond et laisse apparaître les trous de glace où viennent respirer les phoques. À l'intérieur des terres, sur la banquise, ils aperçurent une masse imposante et sombre qui n'était pas un animal. Ils s'approchèrent et virent qu'il s'agissait d'un grand navire. Les deux frères revinrent en courant au village et en parlèrent autour d'eux, si bien que le lendemain, tous les Esquimaux se pressaient autour du navire. Comme il était abandonné, ils décidèrent de le piller et de s'emparer de tout ce qui pourrait leur être utile. Aucun d'eux n'avait jamais rencontré d'hommes blancs, et ils ne savaient pas à quoi ces objets pouvaient servir… Dans les premiers temps, ils n'osèrent pas pénétrer dans le navire, puis ils se firent plus audacieux et s'aventurèrent dans les cabines sous le pont, où beaucoup de cadavres étaient comme allongés dans les lits. Ils se risquèrent enfin dans la vaste salle au centre du navire. La pénombre y régnait, mais ils trouvèrent bientôt des outils et pratiquèrent une ouverture qui laissa entrer la lumière. Les inconscients ! La brèche était située sous la ligne de flottaison, si bien que l'eau fit irruption dans la pièce et inonda jusqu'aux cales. Le navire coula et, parmi les objets dignes d'intérêt, bien peu furent sauvés. » [8]

Il semblerait aussi que le deuxième bateau ait dérivé vers le sud, tout contre le continent américain, au large de l'île O'Reilly. Les témoignages concordent et semblent prouver que le navire n'a pas dérivé au hasard et qu'il a eu à son bord au moins quatre survivants. Ces hommes avaient-ils fait la retraite en traîneau vers la baie du *Terror* ? En revenaient-ils ou étaient-ils restés à Victory Point ? On ne le saura jamais. Ainsi Hall se fit-il confirmer que : « Le bateau vint reposer près de l'île O'Reilly et coula quelque temps après que les Esquimaux le découvrirent, mais pas entièrement, car les mâts supérieurs étaient encore au-dessus de l'eau. Finalement, la glace cassa le vaisseau de telle sorte que les mâts et la coque dérivèrent à terre au sud de la mer d'Ook-joo-lik et furent découverts en abondance par les habitants. » [9]
Hall se fit donner davantage de détails sur ce naufrage par un des habitants nommé Ek-kee-pee-ree-a :
« Ce bateau a été vu pour la première fois par Nuk-kee-che-uk, un Esquimau de la région de Ook-joo-lik qui est maintenant mort, ayant été tué par le père d'Ek-kee-pee-ree-a. Cela m'est raconté par Ek-kee-pee-ree-a avec un petit sourire. Ce bateau avait quatre barques sur les côtés, et l'une d'elles était sur le gaillard d'arrière. La glace entourait le navire et laissait apparaître les mouvements de la mer au-dessous.

[8] Knud Rasmussen, *The Netsilik Eskimos, Report of the 5th Thule Expedition*, *op. cit.*
[9] Hall Collections, *Fieldnotes*, book n° 24, *op. cit.*

L'enterrement de sir John Franklin. On n'a jamais retrouvé sa tombe, et il y a fort à parier qu'il ait été inhumé dans la glace.

Double-page précédente : Tableau de Thomas Smith intitulé *They forged the last link with their lives.*

On voyait encore une planche sur la banquise. Les Esquimaux étaient certains que des hommes blancs avaient passé l'hiver là. Ek-kee-pee-ree-a a également entendu parler de traces de pas de quatre étrangers (pas des Esquimaux), vues sur la terre près du bateau. » [10]
Plus tard, Hall interroge Koo-nik, une femme qui livre une version plus détaillée encore :
« Les Esquimaux pénétrèrent alors à l'intérieur du navire et dérobèrent une grande quantité d'objets. Ils forcèrent une porte et découvrirent dans la pièce le cadavre gigantesque d'un homme blanc. De la chair humaine était répandue tout autour. Il était parfaitement conservé, et il fallut cinq hommes pour le transporter. Dans la pièce, l'odeur était insupportable. Des cadavres nus jonchaient le sol, seule l'immense dépouille portait des vêtements. » [11]
Entre le message laissé par Franklin et rectifié par Crozier et les témoignages esquimaux, on peut donc imaginer que les survivants ont essayé de regagner à pied (en tirant de lourdes chaloupes) l'embouchure de la rivière du Grand Poisson. Rivière qu'ils espéraient peut-être remonter jusqu'aux comptoirs de la baie d'Hudson. Affaiblis et ravagés par le scorbut, beaucoup sont morts sur le chemin, quelques-uns ont peut-être voulu revenir aux bateaux. En tout cas, des ossements humains s'égrènent sur une longue route entre Victory Point et Starvation Cove, lieu situé non loin de l'embouchure de la rivière du Grand Poisson. Une histoire cependant s'est transmise chez les Esquimaux ; histoire vraie ou légende ? Hall fait un récit poignant de ce qui se passa au sud de l'île du Roi-William :

[10 & 11] Hall Collections, *Fieldnotes*, book n° 24, *op. cit.*

« Lorsque Too-shoo-art-thariu rencontra pour la première fois Crozier et les trois hommes qui l'accompagnaient, le chef de l'expédition semblait malade. Les yeux enfoncés dans le visage, il était si mal en point que le cousin de Too-shoo-art-thariu ne pouvait pas le regarder en face. Dès qu'il le vit, il offrit à Crozier un morceau de phoque cru, mais il n'en donna pas aux autres qui étaient bien portants et avaient mangé la chair de leurs compagnons.

« Cette rencontre eut lieu sur la banquise près de Neitchille, où le cousin de Too-shoo-art-thariu vit toujours. Crozier se déplaçait alors dans un traîneau tiré par des chiens, chassait le phoque et construisait des igloos à chaque halte. Sa femme, nommée E-laing-nur, ainsi que ses enfants l'accompagnaient.

« Crozier et ses hommes possédaient des fusils, des balles et des plombs, mais aussi de la poudre en quantité. Le cousin de Too-shoo-art-thariu les emmena chez lui, les nourrit et prit soin d'eux tout l'hiver. Près d'une colline élevée, quelques Esquimaux aperçurent un jour des oiseaux semblables à des now-yers (goélands) qui tombaient morts sur le sol. Ils n'osèrent pas les toucher, certains que Crozier leur avait fait quelque chose dont ils ignoraient tout. Durant l'été, Crozier et son équipe tuèrent beaucoup d'oiseaux, des canards et des oies, mais également des rennes, dont Crozier, à lui seul, abattit un très grand nombre. Les Esquimaux le virent faire. Un Esquimau de Neitchille accompagna Crozier et ses deux compagnons restants lorsque ceux-ci explorèrent la région. Ils traversèrent les lacs et les rivières avec un kayak et rejoignirent bientôt Ook-koo-seek-ka-lik, l'estuaire de la rivière du Grand Poisson. Le cousin de Too-shoo-art-thariu appréciait beaucoup Crozier. Ce dernier voulait lui donner son fusil, mais l'Esquimau n'était pas d'accord : il ne savait pas s'en servir et en avait peur. Le chef de l'expédition lui offrit par la suite son long couteau (qui sembla une épée à Tookoolitoo et Ebiering) et presque tout ce qui lui appartenait, et il possédait beaucoup de beaux objets. Crozier lui raconta en outre son histoire, mais l'Esquimau ne comprit pas tout. Il vit toujours, et vous raconterait ce qu'il a vu et ce que Crozier lui a dit. [...] Crozier et les siens possédaient une petite embarcation. » [12]

[12] J. E. Nourse, *Narrative of the Second Arctic Expedition commanded by Charles Francis Hall, op. cit.*

Ce petit bateau était une sorte de youyou en caoutchouc que l'on remplissait avec de l'air. On suppose que ces groupes d'hommes blancs se traînant jusqu'à l'embouchure de la rivière furent aperçus souvent par les Esquimaux. Quoi qu'il en soit, tous les témoignages font état d'hommes quasiment mourants. L'expédition Franklin fut donc un drame épouvantable, dont les seuls témoins furent les Esquimaux.

1850

ROBERT MC CLURE

UN MIRACLE DANS L'ARCTIQUE

L'*Investigator*, pris dans la banquise.

Cela fait déjà cinq années que l'on est sans nouvelles de Franklin quand sir John Barrow lance une large campagne de recherches. L'*Investigator HMS* part au printemps 1850 avec à son bord Robert Mc Clure, dont ce sera le premier commandement. D'abord lieutenant du commandant Back en 1836, à bord du *Terror HMS*, et premier lieutenant à bord de l'*Enterprise HMS* sous les ordres de James Clark Ross en 1848-1849, Mc Clure fait partie de ces officiers d'excellence de la marine anglaise, par ailleurs animés d'une forte ambition. Qui n'a rêvé à cette époque de prestigieuses découvertes, comme celle du passage du Nord-Ouest, et de marquer ainsi l'histoire polaire ?
Mc Clure, à bord de l'*Investigator HMS* qui compte soixante-cinq hommes, est censé naviguer de conserve avec Richard Collinson, commandant de l'*Enterprise HMS*, mais l'état de la mer et les brumes ont tôt fait de séparer les deux bâtiments. Collinson prend rapidement de l'avance, Mc Clure le rattrape, puis le devance en

coupant à travers les îles Aléoutiennes, manœuvre risquée dans un archipel particulièrement scabreux. Fort de son avantage, et ne respectant aucunement les ordres reçus, Mc Clure n'attend pas Collinson et s'engage au nord de l'Alaska.
La pointe Barrow est passée péniblement : quarante hommes tractent le bateau à travers des zones d'eau libre parmi les champs de glace. Tout au long de la côte nord de l'Alaska, Mc Clure rencontre des peuplades esquimaudes qui accueillent les Anglais avec beaucoup d'enthousiasme.
Le 7 août, il nomme une nouvelle terre dans le nord, la terre de Baring, dont il prend solennellement possession en débarquant à Lord Nelson Head. L'*Investigator HMS* se trouve alors pris dans la dérive des glaces qui le porte au nord à travers le détroit du Prince-de-Galles. Navigation très dangereuse et si aléatoire que Mc Clure peut difficilement la contrôler. Enfin, le 17 septembre, le bateau se retrouve bloqué à une trentaine de kilomètres de ce qui serait l'extrémité nord du détroit. Mc Clure, lui, est convaincu qu'ils ont atteint le prolongement du détroit de Lancaster et du détroit de Barrow ; immense voie de navigation qui coupe l'Arctique canadien d'est en ouest. Si cette hypothèse est confirmée, il aura trouvé le passage du Nord-Ouest – peu importe qu'il soit ou non navigable.

Pour l'heure, un doute persiste : le bras de mer dans lequel s'est engagé l'*Investigator HMS* est-il une baie ou un détroit ? L'un des officiers ayant noté un flux et un reflux réguliers, et parfois même des marées violentes (correspondant aux pleines lunes, sans nul doute), croit au détroit. Seule une mission d'exploration en traîneau vers le nord permettrait d'attester la découverte du fameux passage. Les jours suivants, le navire, ballotté par les courants de marée, dérive, impuissant, tantôt vers le nord, tantôt vers le sud. Mc Clure est convaincu de ne pouvoir échapper à l'étreinte des glaces. Le 24 septembre, il convoque ses hommes sur le pont : ils doivent se tenir prêts à évacuer le navire. Les chaloupes sont préparées. Tentes, réchauds, vivres, tout y est ; ne manque que l'ordre que chacun redoute. On ne dort presque plus, chaque marin se tient sur le qui-vive. Johann Miertsching, le prêtre morave de l'expédition, relate la journée du 26 septembre.

26 SEPTEMBRE (LATITUDE 72° 45', LONGITUDE 118° 3' ; TEMPÉRATURE 3 °C)

« Hier, nous n'eûmes que quelques heures de repos ; nous nous allongeâmes un court moment seulement, puis, gelés et épuisés, nous demeurâmes debout sur le pont toute la nuit et une partie de la journée. Les coups que la banquise portaient au navire rendaient un bruit effrayant. Un vent violent poussa à nouveau le navire vers la banquise de la pointe sud de l'île, que nous avons baptisée les îles de la Princesse-Royale, extrémité rocheuse haute de plus de trente-cinq mètres. Afin que le navire ne se brisât pas contre cette montagne abrupte semblable à un mur, nous employâmes six haussières pour nous amarrer à un grand iceberg, au prix d'un rude labeur. Le navire s'approcha à moins de quinze mètres d'un rocher à pic, et nous fûmes pourtant épargnés. À cet endroit, la profondeur était de vingt mètres environ. La nuit précédente fut la plus éprouvante de toutes celles que nous avons vécues : nous avions essuyé des tempêtes alors que la plupart des mâts les plus hauts avaient déjà été emportés ; pourtant, effroyable comme seule l'est une tempête en mer, celle-ci fit jurer à chacun de nous : "Dix ouragans ne sont rien comparés à la nuit précédente." Je suis incapable de parler de ces heures terribles, elles sont si profondément gravées dans ma mémoire que jamais je n'oublierai mes sentiments, ni ce que je dois à notre Seigneur et Sauveur, dont la grâce et la miséricorde sont ineffables.

« Que la dernière goutte de mon sang soit consacrée à son Honneur. Vigilants pendant dix-sept heures sur le pont, chaque instant nous paraissait le dernier. D'énormes et lourds blocs de glace, trois à quatre fois plus imposants que le navire, s'amoncelaient sous une pression sans relâche jusqu'à former une énorme masse qui menaçait de chuter dans un rugissement étourdissant. Notre navire gisait au cœur d'un chaos de glace, poussé tantôt sur l'un, tantôt sur l'autre flanc, puis encore soulevé violemment hors de l'eau. Lorsque la masse de glace s'effondra, le navire s'abîma à nouveau dans la mer. » [1]

1. Robert Mc Clure, *The Discovery of the Northwest Passage*, Hurtig LTD, Edmonton, 1969.

Cet épisode laisse les hommes choqués, terrorisés. La vision de leur navire désormais couché sur le flanc au milieu des glaces leur est insoutenable. Et pourtant, à présent, dans le détroit, tout est immobile, figé, silencieux. Comme s'il ne s'était jamais rien passé. Retournement d'un iceberg qui provoque un raz de marée, fracassement de deux plaques de glace se heurtant de plein fouet : des phénomènes spectaculaires fréquents dans l'Arctique, et le profond silence qui suit ces déchaînements apparaît empreint d'une étrange sérénité. Les marins pompent dans les cales, et l'on arrive à redresser quelque peu le navire. Bien que l'on soit samedi, les hommes n'ont le goût ni à danser ni à chanter. Le lendemain, le moral n'est guère meilleur, à tel point qu'aucun service religieux n'est célébré. L'heure est trop grave à bord de l'*Investigator HMS*. Les membres de l'équipage songent-ils encore à secourir l'expédition Franklin, ou ne pensent-ils plus qu'à sauver leur peau ?

Le 10 octobre, la glace se stabilise, désormais recouverte de gel. Mc Clure, accompagné de quelques officiers et de marins, part en reconnaissance. Ils vont explorer, à l'est, cette terre nouvelle qu'ils nomment la terre du Prince-Albert. Mc Clure en escalade l'un des sommets, mais ne peut apercevoir l'extrémité nord du détroit dans lequel ils sont engagés. Toujours la même question obsédante : baie ou détroit ? Si rien n'est encore certain, Mc Clure est néanmoins persuadé d'avoir trouvé le passage. Fin octobre, il veut mettre un terme à cette incertitude et repart vers le nord. Le spectacle qu'il découvre va lui donner une joie immense. Devant ses yeux s'ouvre un canal large d'une centaine de kilomètres, qui ne peut être, à cette latitude, que le prolongement du détroit de Barrow. À défaut, pour l'instant, d'avoir retrouvé Franklin et ses hommes, il peut offrir à l'Angleterre victorienne le passage du Nord-Ouest !

Sur le chemin du retour, Mc Clure reconnaît les îles de la Princesse-Royale. Il sait quelle position occupe son navire par rapport à celles-ci et décide de devancer ses hommes, car il tient à ce qu'un repas chaud les accueille à leur arrivée. Initiative qui manque lui coûter la vie ! De soudaines bourrasques de neige l'aveuglent et lui font perdre sa route. Il fait feu à plusieurs reprises dans l'espoir d'être entendu, mais personne ne vient à sa rencontre. Sans vivres, ni boisson, ni tente, il doit coûte que coûte avancer. Il erre ainsi une vingtaine d'heures, jusqu'au moment où une éclaircie laisse apparaître le bateau tant espéré. Égaré dans les *hummocks,* le commandant n'est guère qu'à une demi-heure de marche de l'*Investigator HMS*, qu'il atteint, gelé jusqu'aux os, exténué et incapable de prononcer la moindre parole.

Bien que le passage du Nord-Ouest soit découvert, que de nouveaux espaces géographiques aient été cartographiés, la mission première de Mc Clure n'est pas remplie : il reste à trouver Franklin. Avant de repartir, on occupe les hommes : tous les soirs, pendant une heure et demie, on leur donne des cours de lecture, d'écriture, de calcul et

Robert Mc Clure.

de navigation. Les officiers, quant à eux, lisent ou écrivent leurs journaux de bord. Le prêtre missionnaire note que les marins ont fait de sensibles progrès dans leur conduite, mais reste encore choqué par leurs jurons fréquents. La nuit du réveillon, les hommes sont tellement saouls que le vacarme empêche Mc Clure de fermer l'œil. Un homme de quart est posté sur chacun des ponts, afin d'empêcher les marins ivres de quitter le navire. Ils seraient capables d'aller se perdre sur la banquise !

Fin février, la clarté est revenue, et le commandant, conscient que la débâcle risque d'être fatale au vaisseau, décide de laisser un dépôt de vivres sur la terre du Prince-Albert. Les hommes qui réchapperaient au naufrage auraient ainsi assez de nourriture pour entamer leur longue retraite vers le sud.

Début avril, trois missions d'exploration sont lancées et rompent enfin la monotonie du long hivernage. À la tête de chacune d'entre elles se trouve un officier en charge des observations, et les huit marins qui sont sous ses ordres tirent, durant les quarante-deux jours prévus pour chaque expédition, un traîneau de trois mètres de long et pesant cinq cents kilos.

La mission du lieutenant Robert Wyniatt, vers l'est, ne donne guère de résultats. Pourtant, s'il avait progressé d'une centaine de kilomètres, il aurait rencontré une mission anglaise, dont les quartiers d'hiver se situaient dans le détroit de Barrow. La mission de Samuel Creswell, elle, apporte la preuve que la terre de Baring est très certainement celle de Banks, ainsi nommée par Parry en 1819, et qu'elle ne communique donc pas avec Melville Island. L'expédition dirigée par William Henry Haswell, en route vers le sud, rencontre une tribu esquimaude après avoir parcouru plus de cent kilomètres. Bien qu'ils ne puissent communiquer ensemble, les Esquimaux les accueillent avec chaleur. Mc Clure espère qu'ils leur apporteront de précieux renseignements sur l'expédition de Franklin. Mais plus tard, aux questions de Johann Miertsching qui sert d'interprète, les Esquimaux répondent n'avoir jamais vu d'autres hommes blancs.

Mc Clure souhaite rentrer en Angleterre dès que la débâcle délivrera le bateau. Mais quelle route emprunter ? Juillet passe, l'*Investigator HMS* dérive avec la glace, comme l'automne précédent, tantôt au nord, tantôt au sud, et même l'emploi d'explosifs ne peut libérer le

L'*Investigator* pris dans les glaces au nord de Banks Island.

navire de la gangue qui l'enserre. Des pans de glace, d'un poids estimé à cinquante tonnes, se percutent dans un bruit sourd. La coque du bateau gémit et semble sur le point d'être broyée. Elle tient bon pourtant, et l'on espère que le mois d'août sera celui de la délivrance. Elle arrive, enfin, le 15 août. Mc Clure a perdu tout espoir de naviguer en direction du détroit de Barrow car, du haut du mât, il a vu un immense verrou de glace au nord, tandis qu'au sud la mer est libre et s'offre à lui. Poussé par un fort vent de nord-est, il navigue à la voile puis dérive, toujours vers le sud. L'*Investigator HMS*, solidement amarré à un *floe* (une plaque de glace de première année) est pris dans un épais brouillard. Mais Mc Clure n'est pas homme à abandonner facilement et quand, le lendemain, il constate qu'au nord la mer libre s'étend à perte de vue, il tente à nouveau de forcer le passage du Nord-Ouest. Hélas, à peine a-t-il parcouru quelques milles qu'il est stoppé par la glace et, la mort dans l'âme, rebrousse chemin. Il abandonne le projet de franchir le passage par cette voie.

Les cartes étalées dans sa cabine, Mc Clure imagine une autre solution : s'engager dans le détroit de Barrow par son extrémité occidentale, contourner Banks Island (Baring) par le nord, puis poursuivre ainsi dans ce détroit. En 1819, Parry, après avoir hiverné à Port Winter sur Melville Island, au nord du détroit, avait renoncé à le franchir, car des masses gigantesques de glace, en provenance directe du bassin arctique, l'obstruaient. Parry avait décrit ce pack polaire : rien à voir avec de la glace unie de première année ou celle, légèrement tourmentée, de seconde année. N'ayant jamais eu le temps de fondre pendant l'été, les glaces s'amoncellent sous la pression des courants et des vents, dans un assemblage anarchique qui s'épaissit d'année en année. Mc Clure sait ce qui l'attend, mais la renommée et la gloire sont à ce prix.

Parvenu sur la côte nord-ouest de Banks Island, le navire se trouve bloqué, après seulement quatre jours de navigation, par ces fameuses murailles de glace hautes de plus de dix mètres. La situation est si désespérée en cette fin août que Mc Clure s'attend à ce que son navire soit écrasé comme une coquille de noix et qu'il sombre. Un événement prodigieux, comme il s'en produit souvent dans l'Arctique, où les glaces sont soumises à des variations subites, survient. Mc Clure se rend compte que la pression des glaces a cessé autour du navire. Tandis qu'à bord on était convaincu qu'un second hivernage à cet endroit était inéluctable, l'*Investigator HMS* se retrouve libéré, la coque dans l'eau. C'est un miracle, pense Mc Clure ; il en vient à croire qu'il est protégé par une présence divine. Dans la perspective de ce nouvel hivernage, cinquante-sept tonnes de pierres avaient été collectées sur la plage pour constituer une immense bitte d'amarrage. Travail fastidieux qui n'aura servi à rien, puisque le bateau se trouve à présent à treize milles à l'est de ce que Mc Clure nommera Ballast Beach !

Les reconnaissances à terre ne sont guère encourageantes. Banks Island, dans cette partie nord, est relativement stérile ; d'immenses étendues et collines de sable pétrifié composent l'essentiel du paysage. Le prêtre trouve Mc Clure très abattu. N'est-il pas allé trop loin, alors qu'il avait l'opportunité de rentrer sain et sauf en Angleterre ? A-t-il vraiment mesuré ce que sa quête de gloire peut coûter en vies humaines, lui qui est responsable de soixante-cinq hommes ?

Il est le premier à naviguer sur cette côte hostile et n'en connaît ni le tracé ni les abris. Par mauvais temps, les nombreux récifs et bancs de sable sont invisibles. Et, de toute manière, les roches affleurantes menacent en permanence la coque en bois qui, même renforcée, ne résisterait pas. Mc Clure trouve un immense réconfort dans sa foi en Dieu, dont il devient un fidèle serviteur. Il est désormais convaincu que seule la Providence pourra les sauver.

23 SEPTEMBRE

« Comme c'est l'usage lorsqu'un navire parcourt les régions polaires, un marin que l'on nomme pilote des glaces se tenait en haut du mât de misaine. De là, il décidait du meilleur itinéraire à suivre et communiquait ses instructions à l'officier de quart situé sur le pont, au moyen d'une longue trompette en gutta-percha. Mais aujourd'hui, aucun des hommes préposés à cette tâche n'était en mesure de nous guider ; aux questions plusieurs fois répétées, tous répondaient invariablement : "Glace à perte de vue !" Aussi souvent que l'officier lui-même grimpait aux mâts pour s'assurer de la véracité de cette affirmation – notre navire progressant à la vitesse de cinq ou six nœuds – il s'apercevait qu'il en était bel et bien ainsi, dans la mesure où nous naviguions au milieu d'une étendue d'eau au-delà de laquelle se trouvait, autant qu'on pouvait en juger, une barrière de glace impénétrable. Le commandant s'assura par lui-même de cet étrange phénomène.

« On n'indiquait pas au timonier de parcours ; il dirigeait le navire de manière à ce que les voiles fussent le plus possible sous le vent. Les marins, eux, étaient désœuvrés ; ils arpentaient le pont ou se réunissaient et discutaient avec passion de ce défilé très étrange ; à chaque instant, ils s'attendaient à ce que le navire fût précipité contre l'effroyable banquise qui le cernait.

« Ce long moment d'inquiétude et d'inaction fut interrompu par un cri du pilote : "Iceberg droit devant !" L'officier de quart ordonna alors que chacun regagnât son poste au plus vite. Le commandant se précipita dans le nid-de-pie et exigea qu'on abaissât les voiles aussi rapidement que possible. Pourtant, avant que l'ordre ne fût exécuté, le pilote cria de nouveau : "Attendez ! La glace se brise et nous offre un passage." Au grand étonnement de chacun, ce fut en effet ce qui se produisit. Notre navire poursuivit sans aucune difficulté sa progression dans l'étroit défilé, cerné par de hauts murs de glace que l'extrémité des vergues ne cessait de frapper. Nous naviguâmes une heure et demie dans ce canal de glace que Dieu Lui-Même créa dans Sa toute-puissance – comme Il l'avait fait pour les Enfants d'Israël en ouvrant la mer –, puis la glace se fit moins épaisse et l'eau plus libre. Alors on aurait pu surprendre les divers commentaires et exclamations des marins qui s'étonnaient de cet épisode miraculeux. » [2]

2. Johann Miertsching, *Frozen Ships*, Mc Millan, Toronto, 1967.

Mc Clure aimerait traverser ce grand détroit et aller hiverner, tout comme Parry en 1819, à Port Winter, mais la glace est si compacte que la navigation est impossible. Bien sûr, on utilise parfois de la dynamite pour faire sauter des verrous de glace ou pulvériser les montagnes dérivantes qui mettraient en péril l'*Investigator HMS*, mais il faut se rendre à l'évidence : l'hivernage se fera sur la rive sud du détroit. Lentement, le navire dérive vers l'est jusqu'à Mercy Bay.

Escouade d'exploration commandée par le lieutenant Creswell, Mercy Bay.

On vérifie minutieusement l'état de conservation des vivres, mais bien des aliments sont avariés. Il faudra diminuer d'un tiers la ration prévue pendant les deux premiers mois d'hivernage. Fort heureusement, la glace dans la baie est une glace de première année, et la côte n'est qu'à une centaine de mètres ; autant de conditions favorables pour mener des expéditions de pêche et de chasse. Par ailleurs, la présence d'un iceberg donne l'assurance d'un ravitaillement à volonté en eau douce. Le 30 septembre, les mâts sont démontés, et l'on installe la bâche de protection du bateau. Afin de se prémunir au maximum de l'humidité, on sèche, grâce à des réchauds, tous les recoins du navire – ce qui en réalité ne changera pas grand-chose. Pendant tout le mois d'octobre, par temps venteux et froid, les hommes chassent les caribous, les lièvres et les lagopèdes. Certains se perdent dans le brouillard et reviennent épuisés. Mi-novembre, le soleil se lève pour la dernière fois. Le moral reste bon malgré les circonstances ; et pourtant, les hommes commencent à souffrir de la faim, au point qu'un jour trois marins ne résistant pas à la tentation volent la ration du chien Mongo, la mascotte de l'expédition. Le gibier se fait rare, et l'on rationne de nouveau l'équipage.

Dès le retour du soleil, la chasse intensive reprend. Ne comptent pas, dans le partage de la viande, les petits animaux, renards et lemmings ; aussi sont-ils dévorés avec délectation dès qu'ils sont tués… La chasse est le seul dérivatif pour ces hommes qui échappent ainsi quelques heures durant à la promiscuité. Un jour, un caribou blessé parvient à s'enfuir. Le lendemain, on le retrouve à moitié déchiqueté ; une meute de loups s'en repaît. Furieux de s'être fait voler sa proie, le maître d'équipage se précipite sur l'animal démembré et se saisit d'une patte qu'une louve tente de lui disputer. Scène cocasse qui se termine par la fuite des loups, effrayés par l'arrivée d'un groupe d'hommes…

En avril, le commandant Mc Clure décide de se rendre à Port Winter dans l'espoir, qui sera déçu, d'y trouver soit un bateau anglais, soit un dépôt de vivres. En revanche, il découvre dans le grand cairn érigé par Parry, et qui fait office de boîte aux lettres pour les expéditions polaires, un message signalant qu'un groupe d'hommes sous les ordres du lieutenant Mc Clintock était parvenu là, l'hiver dernier. Mc Clure a dû regretter de n'avoir pas envoyé de mission de reconnaissance à Port Winter quand son bateau hivernait dans le détroit du Prince-de-Galles. Une reconnaissance certes longue, de six cent cinquante kilomètres aller-retour, et difficile dans la banquise du détroit de Melville (le prolongement occidental du détroit de Barrow), mais qui aurait permis de confier au cairn un message signalant aux Anglais la présence de Mc Clure et de l'*Investigator HMS* dans la région.

Bien que le temps soit redevenu agréable en ce début de mai 1851, Mc Clure ne peut s'empêcher de se morfondre, assis sur un rocher. Il sait qu'il ne doit désormais attendre de secours de personne. Sa détresse est totale. S'il ne parvient pas à libérer le navire de Mercy Bay, son expédition court à la catastrophe... À son retour, il a cependant la joie de voir pendre une vingtaine de têtes de caribous tout autour du navire. Ces quelque cinq cents kilos de viande justifient d'augmenter les rations. Cependant, Mc Clure constate tous les jours avec appréhension les dégâts que cause le scorbut sur ses hommes. Le 1er juillet, seize hommes montrent les symptômes de cette maladie.
L'été passe, il est médiocre : brouillard, humidité, rien qui puisse réconforter les membres de l'expédition. Le prêtre découvre des *Sedum rosea*, plantes grasses ayant un goût proche de celui de l'artichaut et qui ont, selon le médecin de l'expédition, des vertus antiscorbutiques. Dorénavant, une douzaine d'hommes seront quotidiennement affectés à leur récolte. Dans la baie, si de grandes nappes d'eau libre entourent l'*Investigator HMS*, rien n'annonce encore la débâcle, et Mc Clure redoute un troisième hivernage.

Fin août, il n'y a plus de gibier, les caribous ont achevé depuis longtemps leur migration, et il est vraisemblable que tous les renards, lièvres et lagopèdes de la région ont été massacrés jusqu'au dernier. Depuis peu, un marin hurle chaque nuit ; il semble avoir sombré dans la folie et on l'a mis sous surveillance. L'eau libre qui s'était formée gèle à nouveau la nuit. Le moral des marins s'effondre. Affamés, malades pour certains, ils savent qu'ils ne reverront pas l'Angleterre cette année. L'hivernage sera d'autant plus sinistre qu'ils connaissent la région par cœur, et l'ennui est un ennemi avec lequel il faut compter, maintenant que la chasse est finie et qu'ils se retrouvent désœuvrés.
Le 9 septembre, Mc Clure convoque l'équipage sur le pont et, dans un discours solennel, annonce qu'il envisage d'hiverner à Mercy Bay. Cela aura des conséquences inévitables sur les rations qu'il faut encore diminuer. Le docteur Amstrong met en garde Mc Clure sur l'incidence que cela aura sur l'état de santé des malades. Mais que faire d'autre en pareilles circonstances ? Mc Clure ajoute qu'au printemps suivant, trente-deux hommes et quatre traîneaux rejoindront Port Leopold, sur Somerset Island. James Clark Ross y a établi

un dépôt de vivres en 1848. Un autre groupe de huit hommes se rendra à l'embouchure de la rivière Mackenzie, afin de la remonter et d'atteindre les comptoirs de la baie d'Hudson, où ils demanderont du secours.

La chasse reprend, on tue parfois un caribou égaré et, début octobre, on décide que les petites proies seront partagées pour moitié entre les malades et les chasseurs. Mais Mc Clure n'est pas dupe : la faim pousse ceux qui partent chasser à dévorer crues leurs proies. Le 14 octobre, le lieutenant Robert Wyniatt sombre dans la folie. Sans raison apparente, il se met à pleurer, à rire, à chanter ou à siffler. Pis encore, il se frappe ou agresse ceux qui voudraient le calmer. Il n'a de cesse de vouloir assassiner le commandant… Les nuits deviennent terrifiantes à bord, où les hurlements des deux fous ont remplacé ceux des loups de Banks Island.

Mc Clure souffre moins de la faim, car son statut de commandant fait qu'on lui octroie des vivres supplémentaires. Parfois il en fait profiter ses officiers ou ses hommes d'équipage. Les températures, extrêmes, descendent à plusieurs reprises au-dessous des – 50 °C, ce qui est insupportable pour des hommes vêtus de laine et de flanelle, comme l'exige la marine anglaise. Manger est devenu l'obsession de chaque instant.

Le printemps s'annonce enfin. On prépare les deux expéditions dont le départ est fixé au 15 avril. La décision de Mc Clure est cependant surprenante ; encadrés par des officiers, les marins les plus faibles partiront sur la glace, tandis que les hommes valides resteront au

Étape en traîneau dans une banquise très tourmentée.

bateau dans l'espoir de le ramener au pays. Johann Miertsching ne se fait guère d'illusions et, bien que lié au commandant par une très grande amitié, il est persuadé que la longue retraite vers le premier comptoir de la baie d'Hudson sera fatale à tous…

Début avril, un homme meurt, John Boyle. Pas du scorbut, mais après avoir avalé le contenu de toutes les fioles de médicaments qu'il a dénichées.

« Nous marchions près du navire, le premier lieutenant et moi-même, discutant des moyens à employer pour enterrer l'homme décédé la veille, examinant comment nous creuserions le sol gelé en profondeur. À ce moment, nous aperçûmes une silhouette se dirigeant vers nous à vive allure ; elle se déplaçait sur le chaos de glace qui obstruait l'entrée de la baie. À sa manière de se mouvoir et à ses gestes, nous songeâmes d'abord qu'il s'agissait d'un membre de l'équipage poursuivi par un ours. Pourtant, comme nous nous approchions de lui, nous nous demandions qui il était. À présent, il ne ressemblait pas aux hommes de l'équipage. Nous souvenant que quelqu'un, en prévision du départ prochain de nos traîneaux, pouvait expérimenter un nouveau moyen de transport, et certains que personne d'autre n'était à proximité, nous nous approchâmes. À moins de deux cents mètres de nous, cette étrange silhouette leva les bras en l'air en gesticulant comme le font les Esquimaux, criant à tue-tête des mots que le vent et l'intense émotion du moment rendaient pareils à un hurlement sauvage, qui nous immobilisa presque. Puis l'inconnu poursuivit calmement son chemin, et nous vîmes alors son visage noir comme l'ébène. Qu'on nous pardonne, mais au premier moment, nous n'aurions su dire s'il s'agissait d'un habitant de ce monde-ci ou de l'autre, et n'aurions-nous fait qu'entrevoir une queue ou un pied fourchu, nous aurions pris la fuite. Nous fûmes néanmoins courageux et attendîmes l'inconnu. Quand bien même le ciel nous serait tombé sur la tête, nul n'aurait été plus étonné d'entendre cet homme s'exclamer :

« "Je suis le lieutenant Pim, ancien du Herald, *aujourd'hui à bord du* Resolute *que commande le commandant Kellett, lequel a abordé Dealy Island !"*

« Émus au point de ne pouvoir prononcer un mot, nous nous précipitâmes vers lui, le saisissant par le bras. Alors que nous n'espérions plus trouver âme qui vive dans le cercle arctique, le soulagement que nous éprouvâmes fut trop inattendu, joyeux et soudain pour que nous en prissions la mesure. Très vite, la nouvelle circula, et le navire entier fut en émoi : oubliant leurs douleurs, les malades bondirent des hamacs, les ouvriers abandonnèrent leurs outils et le pont inférieur fut déserté. Tous se ruèrent aux écoutilles pour s'assurer que l'histoire était vraie. Le découragement quitta notre navire, et l'accueil réservé au lieutenant Pim fut à la fois reconnaissant, chaleureux et pur ; sans doute se souviendra-t-il jusqu'à la fin de ses jours de cet instant cher à son cœur. » [3]

[3] Robert Mc Clure, *The Discovery of the Northwest Passage*, *op. cit.*

Thomas Bidgood et Robert Hoyle, les deux hommes qui accompagnaient Pim, sont à ce point choqués de l'état misérable de certains de leurs compatriotes qu'ils ne peuvent retenir leurs larmes. Pim, effaré, va chercher du lard dans son traîneau pour l'offrir aux plus affamés.

Mc Clure a appris par le lieutenant Pim que le commandant Henry Kellett, son supérieur en grade, parti lui aussi à la recherche de Franklin, se trouve à Port Winter et qu'il dispose de deux bateaux bien approvisionnés.

Mc Clure sait que s'il demande l'assistance de Kellett, il devra partager les lauriers de la découverte du passage du Nord-Ouest avec son sauveteur. Il n'en est pas question ; il n'a pas payé le prix fort pour faire une quelconque concession et renoncer au prestige qui lui revient. Mc Clure veut prouver à Kellett que l'*Investigator HMS* peut se passer de toute aide. C'est tout juste s'il accepte d'envoyer vingt-quatre marins, parmi les plus affaiblis, à travers les champs de glace rejoindre Port Winter. Cependant, Mc Clure se rend à l'évidence : les maigres rations ne permettraient pas à ses hommes de survivre. Kellett parvient à lui faire accepter la proposition suivante : si après examen médical vingt hommes sont jugés aptes et se portent volontaires pour rester sur l'*Investigator HMS*, Mc Clure pourra tenter de ramener son bateau à bon port. Sinon, il prendra le risque d'hiverner à nouveau. À la grande surprise de Mc Clure, quatre hommes seulement acceptent de rester. L'affaire est entendue ; l'*Investigator HMS* sera abandonné. Trois tombes signaleront pour l'éternité la présence du bateau et de ses hommes en ces lieux – celle de John Boyle, de John Kerr, mort du scorbut, et de John Eames, mort sans doute d'épuisement.

Le lieutenant Creswell rentre tout d'abord, porteur de dépêches importantes pour l'Amirauté britannique. Il franchira le premier le passage du Nord-Ouest, à la voile et en traîneau. Le 15 juin, une nouvelle fait l'effet d'une bombe sur Melville Island. Le commandant en chef de l'escadre de quatre navires, Belcher, ordonne que les quatre bateaux de l'expédition, dont ceux de Kellett (le *Resolute HMS* et l'*Intrepid HMS*) soient abandonnés… Un ordre incompréhensible pour ce dernier, mais auquel il doit se soumettre. C'est

Escouades de secours quittant le *Resolute* et l'*Intrepid* durant les recherches de Franklin (sous le commandement de Kellett).

ainsi que tous les équipages réunis, dont celui de l'*Investigator HMS*, partent rejoindre à pied et en traîneau Beechey Island où ils prendront leurs quartiers à bord du *North Star HMS*. Le 26 août, les navires de ravitaillement, le *Phoenix HMS* et le *Talbot HMS*, arrivent d'Angleterre. Les équipages sont répartis entre les trois navires et rentrent au pays.

ELISHA KENT KANE

UN EXPLORATEUR IDÉALISTE

1853

Huit années déjà que sir John Franklin est parti dans l'Arctique. L'opinion américaine s'est à son tour profondément émue de l'ardent combat de lady Jane Franklin pour retrouver son époux, mort ou vif, et les membres de l'expédition Franklin. Et si leur mort ne fait désormais plus de doute, à défaut de sauver des vies, l'Amirauté britannique et lady Jane Franklin veulent comprendre les causes de ce désastre. Millard Fillmore, le président des États-Unis que lady Franklin a sollicité, considérant qu'il s'agit d'une affaire anglaise, se limitera à la mise à disposition de marins et d'officiers. À charge pour le millionnaire Henry Grinnell, qui finance la première expédition américaine dans l'Arctique, de fournir les navires équipés, et aux sociétés savantes de procurer les instruments de mesure scientifiques.

Portrait d'Elisha Kane.

Elisha Kent Kane s'engage en tant que médecin à bord de l'*Advance*, sous les ordres du commandant Edwin De Haven. À 29 ans, Kane, bien qu'il souffre d'une faiblesse cardiaque, n'en est pas moins un aventurier dans l'âme. Sa faible constitution ne l'a pas empêché de parcourir le monde : le Mexique, l'Égypte, la Grèce, les côtes africaines, le Brésil, la Chine, l'Inde… Dans ces pays exotiques, il a attrapé toutes les fièvres possibles et même le typhus. À la lecture des récits relatant les expéditions polaires, son imagination s'enflamme. Il veut en être et résoudre le mystère de la disparition de l'expédition Franklin ! Quand il voit pour la première fois un iceberg, c'est une émotion quasi mystique qui le saisit. « Ce sont des constructions faites par Dieu pour nous donner une leçon d'humilité », écrira-t-il.

Kane critique sévèrement son commandant, estimant que l'*Advance* et le *Rescue*, qui l'escorte, n'ont pas été suffisamment préparés à l'hivernage. Il déplore en particulier les conditions de conservation lamentables des aliments, dont la quasi-totalité a gelé et doit être découpée à la hache. C'est durant cette expédition qu'ils trouveront sur Beechey Island les trois tombes de matelots de l'expédition Franklin.

À son retour, convaincu qu'il est l'homme de la situation, il sollicite Grinnell afin qu'il finance une nouvelle expédition. Il est persuadé que s'il reste une mince chance de retrouver quelques hommes vivants recueillis par une tribu esquimaude, il faut se rendre au nord de la baie de Baffin – ce qui permettrait en outre d'établir l'existence d'une mer polaire libre, thèse défendue récemment par le géographe allemand August Petermann. Celui-ci est convaincu qu'un courant chaud venant du Pacifique et coulant vers le nord à travers le détroit de Béring se déverse dans un immense bassin au nord du détroit de Smith. On imaginait alors cette mer libre comme un paradis élyséen.

Kane négocie auprès de la marine américaine le détachement de dix officiers et marins, et obtient de naviguer à nouveau sur l'*Advance*. L'équipage, dix-sept hommes au total, est composé d'une majorité d'Américains, parmi lesquels Jefferson Baker, réputé pour ses qualités de chasseur, et Isaac Israël Hayes, un jeune chirurgien de 21 ans. Fait également partie de l'expédition Auguste Sontag, un astronome allemand. Deux Danois sont engagés : Christian Ohlsen, un

Le navire
du docteur Kane :
l'*Advance*.

charpentier, et Carl Petersen, un musher qui avait servi sous les ordres du baleinier William Penny en 1851, lors de l'une des expéditions lancées à la recherche de sir John Franklin. C'est Petersen qui s'occupera des cinquante chiens qui font partie du voyage. À bord se trouve aussi un cuisinier canadien-français, Pierre Schubert, et un jeune Esquimau de 19 ans, Hans Christian Hendrik, engagé lors de la relâche de l'*Advance* à Upernavik, le village le plus septentrional de la côte ouest.
Le 31 mai 1853, le navire appareille. L'objectif de la mission est de rechercher les corps de Franklin et de ses compagnons, mais, en vérité, ce n'est qu'un alibi pour la collecte de fonds. La véritable ambition de Kane est la conquête du pôle Nord.
Bien qu'il n'ait aucune connaissance maritime ni l'expérience d'un explorateur polaire, Kane a la double fonction de commandant du navire et de chef de l'expédition. Pour manœuvrer l'*Advance*, il s'en remet entièrement à son *sailing master*, John Wall Wilson qui, lui, n'a aucune expérience de la glace. Il ne pourra d'ailleurs éviter la collision avec un iceberg après deux mois de navigation, incident au cours duquel une chaloupe est perdue. L'*Advance* parvient le

6 août en vue des caps Isabella et Alexander, hauts de cinq cents mètres, qui commandent l'entrée du détroit de Smith. Kane est encore en terrain connu : John Ross en a exploré les parages en 1818, puis Edward Inglefield en a certifié les contours trente ans plus tard en recherchant l'expédition Franklin. Le relief de ces côtes reste cependant imprécis. On sait que les baleiniers s'y aventurent parfois, mais ils tiennent secrets leurs territoires de chasse afin de ne pas en dévoiler les richesses.
Deux Américains, William Godfrey et John Blake, recrutés dans les bas-fonds de New York, sont à l'origine de nombreux incidents qui éclatent entre les hommes d'équipage. Dès le début de la traversée vers le Groenland, Godfrey s'était montré si odieux que tous avaient demandé à Kane de le débarquer à Newfoundland. Mais Godfrey s'étant excusé, Kane l'avait gardé à bord. Ce pardon ne l'empêchera cependant pas de récidiver. Kane, qui refuse les châtiments corporels (comme les pratiquaient alors les Anglais), se contente généralement d'enfermer les fauteurs de trouble pendant

La prière du dimanche sur l'*Advance*.

un jour ou deux. Il ne peut de toute manière se permettre de les isoler davantage, car sur le pont on a besoin de tous les bras. Or Godfrey et Blake sont des forces de la nature et se révèlent à leurs heures pleins d'ardeur.
Kane veut progresser plus au nord, mais il se heurte à ses hommes qui souhaitent rester dans les environs d'Etah, à proximité des tribus esquimaudes. Après de pénibles négociations, l'*Advance* trouve refuge dans le port naturel de Rensselaer, à plus de cent dix kilomètres au nord d'Etah.
Rensselaer se trouve à une latitude où personne n'a jamais hiverné, et les nuits polaires sont plus longues qu'à Etah. Les hommes ont le sentiment d'être au bout du monde et ressentent une immense solitude mêlée de désespoir. Le jeune Esquimau Hendrik en souffre au point de vouloir repartir chez lui, mais Kane parvient, au prix de longues négociations et de promesses de cadeaux, à l'en dissuader.
Le mois de février est glacial. Kane, qui s'était montré fort critique à l'égard de De Haven, a très mal évalué les combustibles nécessaires ; les bougies se font rares, les réserves de charbon diminuent à vue d'œil, et l'on mange froid pour les économiser. Plus grave : une épizootie emporte presque tous les chiens de l'expédition, et il n'en reste bientôt plus que six. C'est une catastrophe, car ce sont les hommes, déjà affaiblis physiquement et moralement, qui devront tirer, à la mode anglaise, les traîneaux.
Le 19 mars, Kane envoie le quartier-maître Henry Brooks et sept hommes faire un dépôt de vivres sur la plage à une cinquantaine de kilomètres, en cas de besoin. Aucun n'a l'expérience de ces températures extrêmes, et quatre d'entre eux, dont Brooks, se retrouvent gelés et ne peuvent plus avancer. Petersen, Ohlsen et Sontag décident d'aller chercher du secours et mettent treize heures pour rejoindre l'*Advance*. Petersen et Sontag sont exténués, seul Ohlsen est en mesure d'expliquer le drame qui se joue sur la glace. Kane part immédiatement à la tête d'une expédition de secours. Comme Ohlsen est le seul à pouvoir indiquer le lieu exact du bivouac, on l'a ligoté sur le traîneau, les pieds maintenus au chaud dans des couvertures en fourrure de loup et duvet d'oie. Parsemée d'obstacles, la banquise les oblige à abandonner le traîneau à mi-chemin, et deux des marins portent Ohlsen les vingt derniers kilomètres.

« La température chuta à – 49,3 °C, et un vent de nord-ouest se leva soudain. Faire une halte était impossible, et nous devions bouger sans cesse pour ne pas geler. L'extrême nervosité de certains de mes camarades, autant que l'influence directe du froid, explique leur comportement inhabituel. Des hommes comme Mc Gary ou Bonsall étaient pris de tremblements, avaient soudain le souffle court. Malgré tous mes efforts, je m'évanouis à deux reprises dans la neige.

« Nous étions sans eau ni nourriture depuis bientôt dix-huit heures lorsque nous entrevîmes un espoir. Si je me souviens bien, Hans, notre chasseur esquimau, crut voir de larges empreintes laissées par un traîneau. Le vent les avait presque entièrement effacées, et quelques-uns se demandèrent si ce n'étaient pas des sastrugi*, que les vents violents forment parfois à la surface de la neige.*

« Comme nous les suivions dans la neige profonde des hummocks*, nous découvrîmes des traces de pas et, les scrutant avec la plus extrême attention, nous aperçûmes enfin un drapeau américain flottant au-dessus d'un* hummock*, puis une bannière maçonnique accrochée à l'un des montants de la tente. C'était le campement de nos camarades estropiés, nous les avions rejoints après vingt*

Après cette marche éprouvante, les hommes doivent prendre du repos, mais la tente est trop petite pour abriter les douze marins et les hommes se relaient : la moitié d'entre eux dort deux heures, tandis que les autres s'efforcent de marcher autour du bivouac, afin de ne pas geler. Sur le chemin du retour, Kane encourage ses hommes ; il les invective même, afin qu'ils ne s'endorment pas, à bout de forces, dans la neige. Tant bien que mal, tous finissent par rentrer à bon port. Mais certains sont dans un état de confusion tel qu'ils rient frénétiquement et sans raison, au point que, selon les termes du jeune chirurgien, on se serait cru dans un asile.

Hayes, qui vient de terminer ses études, procède à de nombreuses amputations d'orteils ou de pieds. Baker meurt le premier des suites du tétanos. Quelques jours plus tard, Pierre Schubert, amputé du pied, est emporté à son tour. Tandis que Kane recherche un emplacement pour enterrer Baker, la vigie signale la venue de huit Esquimaux d'Etah. Kane les invite à bord, mais prend soin de dissimuler l'état lamentable de l'expédition. Il conclut un accord avec eux : de la viande fraîche et quelques chiens en échange d'aiguilles, de perles et d'un vieux tonneau. On ne reverra plus les Esquimaux, et pour cause ! Après leur départ, Kane s'aperçoit de la disparition d'objets divers : des couteaux, une scie, une hache.

et une heures d'une marche interrompue. […]
« Je voulais atteindre notre campement situé à mi-parcours, puis faire fondre de la glace et dégeler du pemmican avant l'arrivée de nos camarades.
« Je ne saurais dire combien de temps il nous fallut pour atteindre notre destination : nous étions dans un état de stupeur étrange et n'avions plus la notion du temps ; nous parvînmes sans doute au campement au bout de quatre heures. Pour nous tenir éveillés, nous nous forcions à parler sans cesse, et nos paroles furent très certainement incohérentes. Ces heures comptent parmi les plus misérables que j'ai vécues ; aucun de nous deux n'avait toute sa raison, et je n'ai qu'un souvenir très confus des événements précédant notre arrivée à la tente. Nous nous rappelons cependant qu'un ours placide était devant nous sur la banquise, puis mit en pièces le pull que Mc Gary avait égaré la veille. Une fois en lambeaux, il en fit une espèce de balle, mais ne vint pas interrompre nos activités. Je me souviens de cela, et aussi d'avoir le sentiment diffus que notre tente allait subir un sort analogue. »[1]

1. Elisha Kent Kane, *Artic Explorations*, R. R. Donnelley and Sons Company, Chicago, 1996.

Le commandant est anxieux ; son expédition est loin de se dérouler comme prévu, mais, obsédé par sa quête de la mer libre du Pôle, il décide pourtant de pousser davantage vers le nord. Le 25 avril, il envoie six hommes le long de la côte du Groenland. Il les suit le lendemain en compagnie de Godfrey, avec les quelques chiens attelés. Cette nouvelle tentative se solde par un nouvel échec, et les hommes, que le scorbut a affaiblis durant ces longs mois d'hivernage, reviennent au navire. Trois d'entre eux, souffrant d'ophtalmie des neiges, seront temporairement aveugles.

Le 20 mai, Kane choisit d'envoyer Godfrey, qui a conservé malgré tout sa force herculéenne, et Hayes. Ils reviennent dix jours plus tard, totalement aveugles. Ne disposant ni de lunettes colorées, ni de protections oculaires en os de baleine fendus, comme en portent les Esquimaux, ils n'ont pu supporter la réverbération. Pendant six semaines, Hayes ne peut plus consigner ses observations. Il racontera plus tard que Godfrey, devenu à moitié fou, n'avait de cesse de vouloir déserter et le menaçait avec une arme.

Confronté à ce nouvel échec, Kane est désemparé. Il s'obstine cependant et lance une dernière expédition : il lui faut des résultats ! Le groupe comprend le jeune Esquimau et le garçon de cabine, William Morton. Ces deux hommes vont franchir l'immense glacier de Humboldt vers le nord et atteindre le cap Constitution. Tandis que Hendrik attend sur la banquise avec les chiens, Morton entreprend l'ascension de ce cap de cent soixante mètres de hauteur. Du sommet, il aperçoit à l'ouest une terre toute proche – la terre Ellesmere – et de l'eau libre au nord. Deux nouvelles extraordinaires que Morton rapporte à Kane ; la découverte du canal Kennedy, ainsi dénommé en hommage à un ami de Kane (à l'endroit où la terre Ellesmere et le Groenland sont les plus proches), et surtout la présence d'une mer libre. Quel soulagement pour Kane qui écrit dans son journal : « À présent, je puis dire que j'ai dirigé une expédition dont le nom et les exploits résisteront au temps. » C'est désormais l'été, mais la glace ne donne toujours pas le moindre signe de débâcle.

La mer libre du Pôle aperçue par William Morton depuis le cap Jefferson.

« Nous voilà en fâcheuse posture. Jamais en effet il n'y eut, et j'espère qu'il n'y en aura pas, de groupe aussi dépourvu que le nôtre à l'approche d'un autre hiver dans l'Arctique. Nous n'avons ni vivres ni charbon ; nous ne sommes pas même en bonne santé. Le docteur Hayes et ceux à qui j'ai demandé conseil sont découragés à la seule pensée de demeurer ici. Lorsque je considère les hommes malades et infirmes qui m'entourent, que je songe au labeur effrayant d'une nuit interminable, je ne suis pas loin de partager leur abattement.
« Je sais bien ce qu'aurait de déshonorant l'abandon de notre navire si tôt dans notre aventure, et je ne pourrais pas assumer ce choix, même s'il était envisageable. Comment poursuivre notre route avec des hommes malades ou amputés depuis peu ? Au mieux, la distance qui nous sépare de Beechey Island ou d'Upernavik, nos seuls lieux de refuge, est trop considérable. De plus, la traversée serait hasardeuse quand bien même nous serions en état de marcher, alors que de toute évidence nous sommes épuisés. Puis-je en outre quitter notre navire sans avoir tout entrepris ? Peser le pour et le contre est inutile, ma décision est prise, je n'abandonnerai pas le navire.
« Mais je dois vérifier l'état de la banquise de mes propres yeux. Depuis une quinzaine de jours, je songe à un projet qui, s'il réussit, nous apportera à tous un grand soulagement : il faudrait rejoindre les navires anglais, plus au sud. Je prépare demain une mission de reconnaissance et Hans viendra avec moi. Avec des sacs de toile, nous protégerons les pattes de nos chiens épuisés par l'effort, puis nous traverserons la banquise jusqu'à l'étendue d'eau libre. Si nous échouons, nous serons certains du moins que cela est impossible :
« "Il comprend mieux, celui qui voit par lui-même."
« Après quoi mon choix sera fait. » [2]

2. *Ibid.*

Kane ne se résout pas à abandonner l'*Advance* ; il compte aller chercher du secours sur Beechey Island, où des navires britanniques à la recherche de Franklin devraient mouiller. Ce voyage ambitieux, Kane l'accomplit avec six hommes, dont Morton et Hendrik. Faute de viande fraîche, on n'emporte que soixante-huit kilos de porc salé. Il n'y a plus de pemmican et le dépôt de vivres abandonné sur la banquise durant la première expédition catastrophique de l'hiver n'a pu être retrouvé.

Au début, une chaloupe de huit mètres de long est tractée sur un traîneau, mais elle se brise ; il leur faut retourner à l'*Advance* et parcourir cinquante kilomètres supplémentaires pour en chercher une autre – un détour dont ils se seraient bien passés.

Après une progression difficile sur la banquise, Kane et ses hommes atteignent Eider Island où, à l'aide de fusils et de pierres, ils abattent deux cents canards. Enfin de la viande fraîche ! Kane entend gagner le cap Combermere, tout au sud-est de la terre Ellesmere, en traversant la baie de Baffin. Par bonheur, il peut compter sur l'officier en second Mc Gary, qui a écumé en tous sens le détroit de Béring à bord de baleiniers. Pendant près de vingt-deux heures, Mc Gary barre la chaloupe sans prendre le moindre repos ; personne ne se propose pour le relayer, même dans des moments délicats comme l'arrivée d'une tempête par le nord. À bord, il n'est plus question que de rester en vie. Heureusement, le vent fait dériver la chaloupe vers l'est, au milieu de champs de glace où les hommes trouvent une sécurité relative. À quelques milles du cap Parry, sur la côte ouest du Groenland, la glace empêche toute navigation vers le sud-ouest et Beechey Island. L'audacieuse mission de secours s'achève avec cette certitude : l'unique solution est de retourner au navire.

Revenu à Rensselaer, Kane inspecte quotidiennement la glace. Mi-août, le chef de l'expédition est pessimiste : il n'a plus guère d'espoir d'échapper à un nouvel hivernage.

VENDREDI 18 AOÛT

« Nous avons réduit notre ration de bois à environ deux kilos cinq cent par repas ; comme nous sommes dix-huit, cela représente cent cinquante grammes de charbon par personne. Avec ces nouvelles mesures, nous buvons deux cafés et une soupe par jour. Notre nourriture est en outre constituée de porc froid bouilli en quantité, consommé comme il convient. Notre sort n'a rien d'enviable, mais le charbon doit être réservé pour des situations plus urgentes. Devant nous se profilent de sombres jours.

« De nouveau j'ai vérifié l'état de la banquise aujourd'hui. Mauvais ! Très mauvais ! Nous devrons affronter l'hiver une nouvelle fois. Pourtant, pendant qu'un espoir demeure, mon premier devoir est de faire que tout soit prêt lorsque la chance se présentera à nous. C'est horrible – oui, c'est bien le terme – d'envisager une autre année de maladie et d'obscurité, sans charbon ni aliments frais. Si je ne devais pas compter avec les compagnons que je protège, sans doute affronterais-je la situation en dominant davantage ma tristesse. » [3]

3. *Ibid.*

Ces hommes sont désormais convaincus qu'ils vont subir le même sort que l'expédition Franklin. Les perspectives sont très sombres, les stocks de vivres sont comptés, il ne reste quasiment plus de charbon pour se chauffer et faire cuire les repas. On ne s'alimente

qu'avec un peu de viande salée, la pire des nourritures pour ceux qui souffrent du scorbut. La situation est d'autant plus alarmante que la région n'est pas giboyeuse, et que les hommes, à l'exception de l'Esquimau Hendrik, n'excellent guère dans l'art de la chasse. Aussi, le 21 août, Petersen propose-t-il à Kane d'abandonner le navire et de gagner Upernavik vers le sud. Kane y est hostile ; il sait pourtant que les marins ignorent parfois la volonté du capitaine lorsqu'un navire ne peut se libérer de l'étreinte des glaces.
Mais l'*Advance* n'est pas un baleinier, et Kane estime qu'une confrontation avec certains de ses hommes serait hasardeuse. Il préfère laisser partir ceux qui le souhaitent, mais il s'agit bien d'une mutinerie, dont Kane minimisera l'ampleur dans son récit d'expédition, *Arctic Explorations*. Il ignore en réalité qu'il est en partie responsable de cette révolte. Il n'a pas les qualités d'un chef, les marins d'un baleinier le méprisent, et les officiers, qu'il traite avec insolence, le prennent pour un amateur. Ils le trouvent hâbleur, arrogant, querelleur et futile. Ne va-t-il pas jusqu'à déclamer du français et du latin à table ! Kane met en garde les déserteurs contre la folie d'un tel projet, mais ceux-ci, emmenés par Petersen, veulent rejoindre Upernavik, situé à un millier de kilomètres plus au sud. Afin de convaincre les plus hésitants, le commandant tente une ultime démarche : il précise aux déserteurs qu'une fois leur décision prise, toute tentative pour renouer contact avec le navire sera inutile. Ohlsen voudrait négocier ce dernier point, mais Kane se montre intraitable et refuse de laisser partir un membre de l'expédition aussi important que le charpentier. Ohlsen est prévenu : s'il contrevient aux ordres, il sera abattu. En larmes, le Danois n'a d'autre choix que de rester à bord du navire. À la surprise de Kane, Sontag décide de quitter l'*Advance*, lui qui, quelques jours auparavant, affirmait que peu d'hommes tenteraient une aventure si risquée. Parmi les fidèles, que Kane appelle les *gentlemen*, on retrouve Hendrik et Morton, le plus grand soutien de Kane et son confident. Après le partage de la nourriture, la séparation s'effectue malgré tout dans de bonnes conditions. Kane offre même le champagne !
Sur les quinze survivants, cinq hommes en tout sont restés avec Kane, et chacun d'entre eux comprend qu'une vie nouvelle alors se prépare sur l'*Advance*.

La vie dans le bateau lors du second hivernage. De gauche à droite : Bonsall, Brooks, Kane, Hayes et Morton.

À l'instar de John Ross, Kane s'inspire des habitudes et des coutumes des natifs de la région pour passer au mieux le nouvel hiver. En premier lieu, il fait construire au sein même du navire une hutte suffisamment spacieuse et hermétique pour que six hommes puissent y vivre à l'aise. On démonte le pont supérieur du navire ; le bois servira de combustible. Kane voudrait compter sur les Esquimaux pour l'approvisionner en viande, mais on ne les a plus vus depuis leur chapardage. Bien que l'incident remonte à plusieurs mois, Kane estime le moment venu de faire valoir son autorité sur la tribu : il dépêche deux hommes vers la communauté d'Anoatoq, qui ont tôt fait de retrouver trois des « coupables », endormis avec leur butin. Il s'agit d'un garçon et de deux femmes, dont l'épouse du chef de tribu, Metek. En pleurs, les femmes sont ramenées de force au navire, tandis que le jeune garçon rend compte à Metek de la situation. Informé, ce dernier rencontre le commandant américain et exécute les termes du pacte.

La question de l'approvisionnement résolue, il faut s'occuper des rats qui pullulent à bord du navire. Porteurs de germes, ils rongent aussi tout ce qui se présente sous leurs dents – fourrures, lainages, chaussures… et naturellement la nourriture. Un jour, Kane se fait mordre en enfilant un gant. Les rats sont partout, et le commandant leur réserve un sort auquel on ne s'attend pas. Chassés à l'arc dans les moindres recoins du navire par Hendrik, puis rôtis, ces rongeurs indésirables sont servis à la table du commandant. Il a mangé tant d'autres bêtes répugnantes au cours de ses voyages ! Les autres ne parviennent pas à suivre son exemple. Parmi les hommes malades du scorbut, Kane fera partie de ceux qui s'en sortiront le mieux grâce à cette nouvelle source de viande fraîche.

Il n'a pas perdu pour autant ses habitudes querelleuses et se montre désagréable et maladroit envers les membres d'équipage. Il adopte un rythme de vie singulier, se couchant à 3 ou 4 heures du matin, se réveillant à midi tandis que ses hommes se lèvent à 8 heures. Sans doute les marins qui ont choisi de rester à bord l'ont-ils fait par crainte de mourir sur la route d'Upernavik plutôt que par dévouement et respect envers leur chef. Entre deux maux, on choisit le moindre ! Début novembre, tout le bois du pont supérieur est parti en flammes. La nuit polaire a débuté. On commence à démanteler les protections en chêne de la coque du navire, mais la plupart des hommes sont si affaiblis par le scorbut qu'ils ne peuvent accomplir les tâches quotidiennes. Kane fait distribuer des portions de pommes de terre crues et râpées comme antiscorbutique ; malheureusement, il n'en reste plus qu'une douzaine à bord.

Quatorze semaines que les déserteurs ont quitté le navire. Où sont-ils ? Cette question, Kane se l'est posée à maintes reprises. Il a enfin la réponse le 7 décembre à 3 heures du matin, quand les membres de l'équipage sont réveillés par plusieurs attelages de chiens de traîneau conduits par des Esquimaux. Comme Kane l'avait prévu, les déserteurs n'ont pu atteindre Upernavik. Parmi eux se trouvent Amos Bonsall et Petersen, dans un état calamiteux. Les autres déserteurs, mourant de faim et exténués, sont à l'abri dans une grotte à cent cinquante kilomètres plus au sud. Le récit de Petersen est effroyable : parties fin août, les chaloupes ont descendu la côte groenlandaise vers le sud et ont atteint après cent quarante milles de navigation la petite localité de Netlik, où ils ont rencontré le chef esquimau Kalutunah. En échange d'aiguilles et de cadeaux, la tribu leur a fourni de la viande de baleine et de la mousse pour se chauffer et s'éclairer. Devant l'impossibilité de descendre plus au sud à cause de la glace, les huit mutins ont fabriqué une hutte. Démunis de tout, sans vivres ni combustible pour se chauffer, ils en sont réduits à manger la mousse, ce qui leur donne d'atroces maux de ventre. Tous s'attendent à une mort horrible. Par miracle, après un voyage de trente-six heures dans une tempête de neige, Kalutunah leur a apporté de la viande gelée et de la graisse, qu'ils dévorent comme des loups affamés...

Les Esquimaux laissent parfois passer deux semaines entre deux ravitaillements. Bien qu'ils possèdent des armes à feu, les déserteurs se sentent à leur merci ; ils n'ont en effet tué que quelques lagopèdes et un lièvre, nourriture insuffisante pour survivre au-delà de quelques semaines. Afin de mettre un terme à une situation intolérable, Petersen et Godfrey accompagnent Kalutunah au village esquimau après l'une de ses visites, pour négocier l'achat de chiens et de traîneaux. Là, de longs pourparlers s'engagent, puis s'enlisent avec l'arrivée d'un dénommé Sip-Su, qui a une grande influence sur Kalutunah. Le temps s'écoule. Anxieux, Petersen et Godfrey sentent naître une hostilité chez les Esquimaux, ce qui les pousse à s'enfuir, et ils regagnent leur hutte, épuisés et morts de soif. Peu de temps après, Kalutunah et deux de ses compagnons viennent leur apporter de la viande de morse. Le petit groupe est très étonné, et Petersen comprend que la tribu n'a pas accepté les plans de Sip-Su : les Esquimaux ne veulent pas commettre de meurtre, ils ne souhaitent pas davantage rompre le traité de négoce par peur de représailles, car les *kablouna*, les hommes blancs, ont des armes ! Peut-être attendent-ils tout simplement que le froid ait raison des hommes pour les dévaliser.

Cependant, la situation ne peut s'éterniser. Aussi les déserteurs élaborent-ils un plan machiavélique. Au cours d'un repas, Hayes drogue les Esquimaux et, profitant de leur sommeil, les dépouille de leurs fourrures, de leurs *kamiks* et de leurs moufles, avant de fuir l'abri de fortune. Les déserteurs tentent tant bien que mal de barricader la porte de la hutte pendant que Sontag attelle les chiens. Malheureusement pour eux, ils ne savent pas conduire les attelages. L'un d'eux s'en retourne, et les chiens libérés en profitent pour courir vers la hutte. Les Esquimaux se sont réveillés et confectionnent des vêtements avec les moyens du bord. Grâce à l'attelage de chiens, il leur est facile de retrouver les traces des fuyards et de les confondre. Les déserteurs sont atterrés, la confusion est totale. Les Esquimaux sont intimidés par les armes à feu des mutins, qui se sortent de cette histoire en faisant croire qu'il s'agissait d'une mauvaise plaisanterie. Les Esquimaux finalement acceptent de raccompagner deux des hommes au navire en échange des traîneaux, des chiens et des fourrures.

Petersen et Bronsall étant trop faibles pour repartir chercher leurs camarades, et Kane ne désirant pas se séparer de ceux qui lui sont restés fidèles, il s'en remet aux Esquimaux. Il leur offre des cadeaux et quelques morceaux de viande, et leur demande de ramener les six hommes. Ce qu'ils font.

Dans son journal, Kane note plus tard la phrase que Hayes lui dit avant qu'il ne lui tende la main et invite les autres à monter à bord : « Nous sommes venus ici indigents et épuisés vous demander l'hospitalité. Nous savons bien que nous n'avons aucun droit à votre indulgence, mais nous espérons un bon accueil et un toit. » [4] Hayes est gravement gelé, et Kane l'ampute le lendemain de trois orteils qui commençaient à se gangrener. Que faire dorénavant de ces huit nouvelles bouches à nourrir ? Quelle sera l'atmosphère à bord de l'*Advance*, déjà si détestable ? De toute manière, Kane ne peut leur pardonner. L'hiver est encore très rude, et Hendrik a beaucoup de difficultés à chasser. Envoyé chez les Esquimaux d'Etah pour le ravitaillement en viande fraîche, il les trouve affamés, ayant à peine de quoi se nourrir eux-mêmes.

Au retour du printemps, Kane est convaincu que Godfrey et Blake veulent quitter le navire en volant traîneaux, chiens et provisions, et s'interpose au moment où ceux-ci s'apprêtent à fuir ; il obtient les aveux de Godfrey avant de l'assommer avec une pièce de métal cachée dans son gant. Mais que faire de cet homme n'obéissant à aucune règle de vie ? Godfrey profite de cette indécision pour quitter le navire.

4. *Ibid.*

Le docteur Kane tirant sur Godfrey.

Kane est sans nouvelles de Hendrik, reparti de nouveau à Etah dans l'espoir de rapporter de la viande. En son absence, c'est Petersen qui chasse quelques lagopèdes. Un jour, une silhouette apparaît au loin sur la banquise. Serait-ce Hendrik ? Non, c'est Godfrey à la tête d'un attelage de deux chiens tirant un traîneau rempli de viande de morse. Il a fait à pied un voyage de trente heures sur la banquise, par des températures inférieures à – 40 °C. Il a néanmoins réussi à atteindre Etah, située à cent trente kilomètres, exploit surhumain qui dépasse l'imagination ! Godfrey y a rencontré Hendrik qui, tombé amoureux d'une jeune femme du village, a décidé de s'y établir. Godfrey a l'intention de retourner à Etah pour se réapprovisionner – prétexte, pense Kane, qui assimile ce nouveau départ à une désertion. Godfrey est bien décidé, et personne ne l'arrêtera ; même lorsque Kane menace de l'abattre, il ignore ses injonctions. Les pistolets de Kane s'enraient tout d'abord, puis une balle frôle la tête de Godfrey, mais le mutin ne renonce pas et réussit à s'enfuir.

Kane a vu son autorité bafouée devant tous les membres d'équipage : il doit réagir vite et rétablir la discipline. Sinon, combien seront-ils à ne plus respecter la hiérarchie, à déserter encore ? Aussi, le 10 avril, Kane retourne-t-il à Etah pour retrouver Hendrik. Avec son aide, il arrête Godfrey et le ramène les fers aux pieds ! Hendrik repart ensuite à Etah pour se marier avec sa fiancée, Merkut.

Mai : trop de bois a été prélevé sur le bateau pour envisager de naviguer en toute sécurité dans les mers arctiques. Kane se résigne à abandonner l'*Advance* et ordonne de partir en chaloupe vers le sud. La mer libre se trouve à cent trente kilomètres de Rensselaer, et il faut bien un mois d'allers-retours incessants pour amener baleinières, hommes et environ sept cents kilos d'équipement et de vivres au bord de la mer. Un voyage harassant pour des hommes sous-alimentés et atteints de scorbut. Les plus faibles attendent à mi-chemin, au village d'Anoatoq. Kane accomplit plus de mille sept cents kilomètres avec son traîneau, assurant les liaisons entre les différents groupes pour les ravitailler. Lors de ces relais, Ohlsen traverse la glace et manque se noyer, et lors du sauvetage sa vessie est malencontreusement perforée. Il mourra trois jours plus tard.

Comme Kane s'y attendait, la retraite est difficile. À la mer libre succède la glace, sur laquelle il faut tracter les baleinières. De façon providentielle, le groupe accoste près de nombreux nids d'oiseaux et ne recueille pas moins de mille deux cents œufs en une journée. Parvenus au cap Dudley Diggs, Kane grimpe au sommet et comprend que la glace forme une barrière infranchissable. Il faut attendre

Retour laborieux en chaloupe après la perte du navire.

New-York Daily Times.

DR. KANE HOME AGAIN.

The Second and Third Arctic Expeditions Safely Ended.

Arrival of Propeller Arctic and Bark Release at New-York..

THE ADVANCE LEFT IN THE ICE.

NEW LANDS FOUND.

A Bridge of Ice from Greenland to the Continent.

AN OPEN SEA FOUND.

NO TRACES OF SIR JOHN FRANKLIN.

LATITUDE 82° 30' N. REACHED.

LIFE IN THE FROZEN REGIONS.

ON SLEDGES FOR THIRTY DAYS.

Detailed and Interesting Account of the two Expeditions.

DR. KANE'S OWN ACCOUNT.

Dr. Kane, the intrepid Arctic navigator, after having been given up as lost, has returned safe home, with the loss of but three men on his whole expedition. He left his brig frozen up in the Arctic Sea, on the 24th of May, 1855. went three hundred miles over the ice to the sea, and then in open boats thirteen hundred miles to Upernavik in Greenland. After waiting for

New

VOL. V......NO. 1269

from the fact, that the entire circuit of Sr has been effected, and its shores complete

THE OPEN POLAR SEA.

But the real discovery of the Expe *open Polar Sea.* The channel leading to was entirely free from ice, and this feat dered more remarkable by the existence or solid belt of ice, extending more th dred and twenty-five miles to the south sea verifies the views of Dr Kane, as the Geographical Society before his dep

The lashing of the surf against this fr ice was, we are assured, impressive be tion. Several gentlemen with whom w versed, speak of it with wonder and adm

An area of three thousand square mile entirely free from ice. This channel has after Hon. John P. Kennedy, late Sec Navy, under whose auspices the Expediti

The land to the north and west of this been charted as high as 82° 30'. *This i land to the Pole yet discovered.* It bear Mr. Henry Grinnell, the founder of t which bears his name.

THE WINTER OF 1854–'55.

The extreme severity of the previous se evident that the brig could not be liberat Winter set in. She was fast imprisoned of a large field of ice. The provisio abundant, were not calculated to resist the fuel, owing to the emergencies of Winter, was deficient in quantity.

Under these trying circumstances Dr. party of volunteers, on an attempt to rea of Lancaster Sound, in hopes of meeting expeditions, and thus giving relief to hi passed in an open boat over the track travel, riding out a heavy gale. They fou terrupted barrier of ice, extending in one shoe from Jones' to Murchison's Sound forced, after various escapes, to return to encore une semaine. Kane reconnaît son erreur. Il y a du gibier, mais le combustible manque et Kane ordonne d'entamer les renforts en chêne des chaloupes. L'idée de repartir et de tracter à nouveau les lourds canots déclenche une crise de larmes chez Mc Gary, le vétéran des mers arctiques.

Coupure de presse annonçant le retour de l'expédition du docteur Kane.

Ces hommes d'un courage à toute épreuve sont épuisés et affamés quand ils réussissent à traverser l'immense baie de Melville, barrée à l'est par un glacier gigantesque. Le 1er août, ils aperçoivent le Doigt du Diable : ils ont donc atteint les territoires de chasse à la baleine et les comptoirs danois de la côte ouest du Groenland. Après quatre-vingt-quatre jours de portage et de navigation, Kane et ses compagnons ont réussi ce qui semblait impossible à des hommes qui, pour la plupart, se détestaient.

Grâce aux deux ouvrages qu'il publie, et qui connaissent un extraordinaire succès – lui rapportant une petite fortune –, Kane devient un héros national, une véritable icône. Deux ans plus tard, en 1857, alors qu'il prépare une nouvelle expédition, il meurt à New York des suites des privations endurées et de sa faiblesse cardiaque. Ses funérailles sont presque aussi grandioses que celles d'Abraham Lincoln…

1871

CHARLES FRANCIS HALL

LE HÉROS MORT EMPOISONNÉ

Séparation tragique entre le bateau et les hommes débarqués sur la banquise.

Le livre *Artic Explorations* d'Elisha Kane a enthousiasmé les Américains, qui sont prêts à s'engager de plus en plus activement dans la recherche de la mer libre du Pôle, tout au nord de l'Arctique, et à la course au pôle Nord. Peu importent les privations et les souffrances : le drapeau étoilé doit flotter en Arctique. En 1860, le chirurgien Hayes, reparti sur les traces de Kane, a annoncé avoir battu le record de latitude nord (81° 35'). Un exploit que d'autres explorateurs, par la suite, mettront en doute ; les descriptions inexactes, voire tout à fait imaginaires de Hayes ne parviennent pas à les convaincre. Mais ses exploits largement commentés dans la presse américaine vont susciter des vocations, et dans cette course au Pôle, l'expédition de Charles Francis Hall sera déterminante.

Charles Francis Hall n'était pas prédestiné à devenir l'un des explorateurs dont la destinée a marqué l'histoire arctique. Ni officier de marine, ni géographe, ni scientifique, cet homme d'origine modeste n'a aucun diplôme. Tout d'abord forgeron, il a eu un parcours étonnant, puisqu'il a été graveur, éditeur, et enfin directeur d'un petit journal à Cincinnati, dans l'Ohio. En 1859, alors que la disparition de l'expédition Franklin agite encore les esprits, Hall est persuadé que Dieu l'a élu pour en retrouver les survivants. Tant pis s'il doit laisser à la maison son épouse et ses deux enfants pour mener à bien cette mission !

Hall est un pragmatique, un homme de tempérament solitaire qui a lu tous les récits d'expéditions polaires. Son imagination s'est enflammée en découvrant la vie que mènent les Esquimaux, et il a ses idées sur la manière de lutter contre le scorbut. Il a déduit de ses lectures qu'il faut s'immerger dans le milieu arctique si l'on veut survivre, et qu'il est essentiel d'adopter le mode de vie des Esquimaux. Mêmes vêtements, même nourriture, mêmes moyens de transport et mêmes abris. Mais, sans financement, il ne peut que rêver. Il se rend alors à New York, afin de rencontrer l'un des frères de Kane et de Hayes. Ceux-ci, impressionnés par son charisme, le présentent immédiatement à Grinnell, mécène des explorations polaires américaines. Également séduit par la forte personnalité de Hall et par son enthousiasme, ce dernier l'introduit dans les milieux s'intéressant aux expéditions polaires et susceptibles de les financer. Les démarches de Hall sont pourtant un demi-échec, car les sommes réunies restent très insuffisantes. Cela ne le décourage pas. Sa détermination est sans faille. Même avec des moyens limités, il partira, et il espère non seulement recueillir des indices probants sur la disparition de Franklin, mais aussi aller à la découverte de la mer libre du Pôle et se lancer à la conquête du pôle Nord.

C'est ainsi que Hall réussit à embarquer en mai 1860 à bord d'un petit baleinier, le *George Henry*, qui le mène jusqu'en terre de Baffin. Là, il décide de naviguer à bord d'une barque et de rejoindre le théâtre désormais connu du drame de l'expédition Franklin : l'île du Roi-William. Une navigation périlleuse de plusieurs centaines de milles, dans une baie aux icebergs dangereux, même en plein cœur de l'été. Le voyage ne dure guère, car à la suite d'une tempête, la barque se brise. Qu'importe, Hall décide de s'établir en terre de Baffin quelque temps : une sorte de galop d'essai réussi puisqu'il sera « adopté » par les Esquimaux. Il vit comme eux, commence à apprendre leur langue, fait de nombreuses randonnées en traîneau avec pour seuls compagnons des Esquimaux – ce qui est une première. Au cours de l'une d'entre elles, ils lui montrent des vestiges, sans doute vieux de plusieurs siècles, qui ne peuvent provenir que d'un navire occidental. Quand il retourne au *George Henry*, il est bien tard dans la saison, et le bateau doit hiverner. Dès le printemps suivant, il effectue plusieurs randonnées au cours desquelles de nouveaux indices le convainquent que ces vestiges proviennent de l'expédition de Martin Frobisher, un explorateur du XVIe siècle, le premier à avoir recherché le fameux passage du Nord-Ouest entre 1576 et 1578.

Portrait de Charles Francis Hall.

En septembre 1862, après s'être imprégné deux années durant de la vie arctique, Hall est de retour à New York, accompagné de Joe et de sa femme Hannah, ses plus fidèles compagnons esquimaux. Il retrouve son pays plongé dans la guerre civile. Hall donne de nombreuses conférences à travers tous les États-Unis et jouit désormais d'une solide réputation d'explorateur polaire ; on le reconnaît même comme l'un des meilleurs spécialistes de l'Arctique.

Sa précédente expédition, la vie qu'il a menée avec les Esquimaux et le livre qu'il vient de publier plaident en sa faveur, et il convainc sans mal la marine américaine d'organiser une nouvelle expédition polaire pour rechercher Franklin. Le 17 juillet 1864, il part pour trois ans sur le *Monticello* ; il ne reviendra en fait que cinq ans plus tard.

Il pense découvrir d'autres indices que les précédentes expéditions n'ont su recueillir. Comme à son habitude, il vit dans les villages esquimaux et semble avoir oublié sa famille. En mars 1866, il se rend sur l'île du Roi-Guillaume. Il y découvre des couverts aux armes de Franklin, un baromètre, une paire de ciseaux, des munitions et une écritoire. Il trouve également des ossements humains, un squelette… En août, un baleinier accoste près de son campement, à Repulse Bay. Il hiverne une fois de plus à l'automne 1867, et c'est là qu'il recueille de nombreux témoignages sur Franklin. L'espoir n'est pas tout à fait mort, Hall espère encore qu'il y a des survivants.

En juillet 1868, Hall tue l'un de ses hommes. L'affaire ne fait pas grand bruit, il n'y a pas d'enquête, mais ce drame hantera pour le reste de sa vie cet homme si dévot. Le commandant du baleinier avait accepté de lui prêter deux marins. Au cours d'une violente dispute, Hall s'est senti menacé par l'un d'eux et a tiré sur lui, le blessant mortellement.

Nous sommes à présent en 1870, et on ne pense plus guère – sauf son épouse lady Franklin – à retrouver vivants Franklin et ses hommes. En revanche, la conquête du pôle Nord géographique reste à accomplir. Ce que l'on sait à cette époque, c'est qu'il est très probablement baigné par la fameuse mer libre du Pôle, un océan de mer sans glace séparé du reste du monde par une barrière de glace. Une thèse qui ne s'est pas démentie lors des expéditions de Kane et de Hayes. On n'a pas encore défini la notion d'*open water*, ces vastes étendues de mer libre, qui sous l'effet conjugué de la topographie des côtes, des fonds sous-marins, des courants et des vents ne gèlent jamais, même en plein hiver.

Portrait du docteur Emil Bessel.

En juillet 1870, le Sénat américain donne son accord pour financer une nouvelle expédition qui aurait pour objectif la conquête du pôle Nord. Le bateau choisi est le *Periwinckle*. À une exception près, les officiers américains sont d'origine anglo-saxonne, tandis que les marins, également américains, sont eux d'origine allemande. La marine américaine impose une équipe scientifique dirigée par le docteur Emil Bessel, jeune physicien et naturaliste de 24 ans. L'Allemand, petit homme sec et orgueilleux, méprise d'emblée le « non-diplômé » capitaine Hall. Et pourtant, ce n'est pas lui qui laissera son nom dans l'histoire des explorations polaires ! Bessel n'est pas un novice, il a déjà participé à une expédition allemande au Svalbard et en Nouvelle-Zemble, à la demande du géographe August Petermann. Lors de cette expédition ayant pour but de collecter des relevés scientifiques, aucune mission à terre ne fut opérée. On ne put ainsi juger de la résistance physique et mentale du jeune scientifique allemand. Enfin, Hall peut compter sur deux Esquimaux de valeur, chasseurs émérites qui partent avec femmes et enfants : le fidèle Joe et Hans Hendrik, qui a participé aux expéditions de Kane et de Hayes.

Hall, même s'il est nommé commandant, n'est pas entièrement libre dans le choix des membres de l'expédition, et il se voit adjoindre par la marine américaine le capitaine Budington comme maître de navigation. C'est lui qui l'avait emmené en terre de Baffin à bord du *George Henry*. Hall sait que c'est un marin capable, mais il n'ignore pas qu'il peut se montrer peureux et qu'il est, malheureusement, porté sur l'alcool… Charles Francis Hall réussit, après l'en avoir longuement prié, à convaincre George Tyson, un vétéran des mers arctiques qui a vingt ans de navigation derrière lui, de les accompagner. Tyson a été nourri dans son enfance par les exploits de Parry, Ross et Franklin, et à 20 ans, il s'est embarqué sur un baleinier. Hall l'a connu dans la baie de Frobisher et compte sur cet homme droit et clairvoyant. En réalité, déçu de ne pas avoir conclu de contrat avec une compagnie baleinière, Tyson a fini par accepter l'offre de Hall. S'il est nommé assistant de Budington, compte tenu de sa réputation, il sera le second capitaine du bateau.

Le navire lève l'ancre le 29 juin 1871. Profitant de conditions de navigation exceptionnelles, le bateau que Hall a rebaptisé le *Polaris* – alors que cela porte malheur, dit-on, dans le monde de la mer... – atteint le nord de la baie de Baffin et s'engage sans difficulté dans le bassin que Kane a découvert et exploré quelque vingt années auparavant. Le canal Kennedy, que William Morton avait aperçu, est bientôt parcouru. Puis c'est le bassin de Hall, suivi du canal Robeson, que Hall nomme ainsi en hommage au secrétaire de la marine américaine. Jamais aucun navire n'a atteint une telle latitude : 82° 11'. Face à cet inconnu, l'équipage est aussi anxieux que fébrile. Ce qui s'offre aux yeux de Hall n'a rien pour le rassurer. La mer de Lincoln est gelée au nord, et le courant y est si fort que le *Polaris* est repoussé vers le sud. Les officiers sont convoqués par Hall. Budington insiste pour descendre plus au sud afin d'hiverner en sécurité. Tyson pense ces craintes non fondées mais se garde bien d'intervenir. Hall tranche parmi les avis contradictoires : il fait orienter la course de son bateau vers l'est, afin d'atteindre la rive ouest du Groenland et de mouiller dans un petit port naturel qu'il surnomme Thank God Harbour, pour remercier la providence. Tyson qui, dès le début de la mission, note dans son journal qu'il s'inquiète des relations tendues entre Hall et le docteur Bessel, assiste silencieux aux dissensions entre les deux hommes. Heureusement, Hall entretient d'excellents rapports avec Joe et Hannah. D'autres hommes, dont Morton et l'officier Hubbard Chester, semblent lui être fidèles parmi l'équipage. Hall pense atteindre le pôle Nord en remontant la côte du Groenland, aussi échafaude-t-il des plans qui devraient se réaliser au printemps suivant. À bord de deux traîneaux, quatre hommes, dont les deux Esquimaux, Chester et lui-même, partiront pour une reconnaissance poussée vers le Pôle.

« J'ai choisi mes hommes, avait déclaré Hall à la Société américaine de géographie, des hommes qui me resteront fidèles quoi qu'il arrive. Même entourés d'innombrables icebergs et même si notre vaisseau est écrasé comme une coquille d'œuf ; je crois qu'ils resteront à mes côtés jusqu'au bout. » Pourtant, Hall n'a qu'une confiance limitée en Budington et décide que Tyson, d'abord pressenti pour l'accompagner, restera à bord pour le surveiller.

Enterrement de Hall sur la côte nord-ouest du Groenland.

Ils quittent le *Polaris* le 10 octobre pour y revenir dix jours plus tard. Hall est satisfait de la route qu'il a découverte, bien qu'il ne manifeste pas le même entrain qu'au départ et paraisse souffrant. À peine à bord du *Polaris*, il est pris de violentes douleurs et de vomissements. Son esprit confus et agité le fait clamer sans cesse qu'on a voulu l'assassiner. Est-il vraiment en train de délirer ? Tout le monde à bord connaît l'animosité, voire la haine, que nourrissent Hall et le docteur Bessel l'un envers l'autre. Hall n'a-t-il pas surnommé le chef de la mission scientifique « le petit danseur allemand » ? Hall exige dorénavant que ses repas soient préparés par Hannah et goûtés avant qu'on les lui serve. Peu de temps après, Hall recouvre la santé et revient même sur le pont du bateau, déclarant qu'il ne s'est jamais senti aussi bien. Mais le soir, il rechute brutalement, son état empire, et il meurt deux jours plus tard. On l'enterre sur la côte groenlandaise.

Hall a-t-il été empoisonné ? Et en ce cas, par qui et comment ? En 1968, Chauncey Loomis, l'un de ses biographes, décide d'en avoir le cœur net. Après avoir obtenu l'autorisation de déterrer le cadavre de Hall retrouvé presque intact sur les bords de Thank God Harbour, le docteur Franklin Paddock qui l'accompagne envoie des prélèvements à Toronto. Les résultats ne laissent aucun doute. Dans les dernières semaines de sa vie, Hall a ingéré de fortes doses d'arsenic.

L'Arctique, l'une des régions les plus hostiles de la planète, révèle de nobles sentiments comme le courage, l'amitié et le dévouement, mais sait tout autant engendrer la jalousie, la haine et la rancœur… L'expédition de Hall n'a pas échappé à la règle.

Le chef d'expédition a probablement été assassiné par le docteur Bessel. Noah Hayes, un jeune marin membre de l'expédition, a rapporté que Bessel aurait déclaré que la mort de Hall était la meilleure des choses qui puisse leur être arrivée. De tous ceux qui pouvaient être suspectés, il était le seul à le soigner et à se trouver constamment auprès de lui. Pourtant, même si de forts soupçons pèsent sur Bessel, aucune preuve ne viendra le confondre.

Le journal privé de Tyson est accablant à ce titre : « Le capitaine Budington désire que les officiers le rejoignent pour jouer aux cartes cette fin d'après-midi, alors que le capitaine Hall est mort le matin. Le corps du capitaine Hall n'était pas encore froid. Quand le capitaine Budington m'appela au poste de commandement, il me rappela tout le temps qu'il se félicitait que le docteur (Bessels) ait empoisonné le capitaine Hall... »

Budington, commandant en second de l'expédition, succède à Hall, bien que l'équipage ne lui fasse pas confiance. Le service religieux quotidien est supprimé ; chacun priera à sa guise et selon ses intimes convictions. Dans la torpeur d'un début d'hivernage, alors que l'objectif de l'expédition semble s'être évanoui avec la disparition de Hall, Budington se met à boire seul dans sa cabine. Il n'a plus qu'une idée en tête : rentrer au pays au plus vite.

Début novembre, une tempête bouleverse la configuration des glaces qui exercent désormais de telles pressions sur le *Polaris* que celui-ci se couche sur le flanc. L'inconfort et les tensions persistantes poussent le groupe d'Esquimaux, très affecté par la mort de Hall, à construire un igloo près du bateau et à s'y installer.

Dans le carnet de bord de Tyson, on lit à la date du 24 décembre : « Rien n'est arrivé qui soit plaisant ou profitable. Je souhaiterais pouvoir effacer de ma mémoire certaines choses que j'ai vues et entendues. Le capitaine Hall n'a pas toujours agi avec le meilleur jugement, mais c'était le Ciel comparé à ceci. Je n'ai pas connu une seule nuit de sommeil depuis le 11 novembre. Que n'a-t-il vécu jusqu'au printemps ! Si je puis m'en tirer cet hiver, je serai capable de m'en sortir quoi qu'il arrive. »

L'hiver et le printemps s'écoulent sans incidents notables, si ce n'est qu'un groupe d'officiers aurait envisagé de simuler la conquête du pôle Nord. S'il ne demeure ni preuve ni mention du nom de l'organisateur de cette fausse conquête, le journal de Tyson contient une remarque qui laisse perplexe. Délibérément énigmatique, Tyson explique combien il a été outré par ce simulacre et comment, avec Chester mis dans la confidence, ils comptent en exposer les détails au retour, ce qu'ils ne feront pas.

12 août, heureux événement : Hannah donne naissance à un garçon prénommé Charlie Polaris, en mémoire de Hall. Les bonnes nouvelles n'allant jamais seules, ce même jour, la glace se disperse, et le bateau, après avoir remonté l'ancre, sort enfin de Polaris Bay. Malheureusement, après quelques jours, le navire retrouve les champs de glace. Le *Polaris* doit s'ancrer à un floe afin de dériver en sécurité vers le sud. Après six semaines ininterrompues de dérive, il arrive à hauteur de Rensselaer Harbour où Kane avait hiverné. Tyson pressent qu'il devra endurer un nouvel hivernage.
16 octobre : en quelques heures, le destin d'une vingtaine d'hommes, de femmes et d'enfants bascule brutalement. Suite à un violent coup de vent, la pression des glaces contre la coque devient telle qu'une voie d'eau se forme à l'avant du *Polaris*. Le chef mécanicien annonce que les pompes ne peuvent évacuer l'eau qui s'engouffre dans les cales. Le bateau coule, c'est la panique à bord. Budington ordonne que vivres, chaloupes, matériel, munitions et chiens de traîneau soient jetés par-dessus bord sur la glace. Tyson décide de débarquer avec quelques hommes afin d'organiser au mieux ce dépôt improvisé. Dans la nuit noire, personne ne sait qui a débarqué et qui est resté à bord. Mais le pire est à venir. Les fractures répétées et rapides des champs de glace finissent par disperser les hommes, les femmes et les enfants. Les voilà séparés par des chenaux d'eau glaciale. En sautant d'un bloc à l'autre, Tyson réussit à rassembler tout le monde sur un immense floe d'au moins sept kilomètres de diamètre, qui paraît suffisamment solide. Hélas, ce qui n'aurait pu être qu'un incident tourne à la tragédie. Le floe auquel est amarré le *Polaris* implose littéralement, et le navire, libéré de son ancre de glace, part à la dérive sous le regard médusé des naufragés. C'est un moment de confusion totale. Tyson est d'autant plus en colère qu'il avait jugé l'ordre d'évacuer le navire précipité et pris dans un moment de panique. Tyson et ses compagnons d'infortune sont désormais seuls au monde.
« Pourquoi le *Polaris* ne venait-il pas à notre secours ? Le vent violent était tombé. Tout était calme. Je regardais ceux qui m'entouraient. Outre moi-même, il y avait dix-huit personnes. Parmi elles, Frederick Meyers, le météorologiste, John Herron, le garçon de cabine, avec six des membres de l'équipage d'origine allemande. Il y avait aussi tous les Esquimaux : Joe, sa femme Hannah et leur

enfant Puny, Hans, sa femme et leurs quatre enfants. Pour nourrir tout ce monde, nous n'avions que quatorze boîtes de pemmican, onze sacs de pain, une boîte de pommes séchées et quatorze de jambon. Si le bateau ne revenait pas à nous, nous devrions assurer notre survie ou mourir de faim. » [1]

Tyson pense un instant regagner la côte, mais il a fort à faire pour convaincre ses compagnons, et les vents contraires l'en dissuadent bientôt. Plus tard, on aperçoit à nouveau le *Polaris*. On estime sa distance à environ huit milles. C'est très loin, et il y a peu de chances que le navire ait vu les naufragés. L'observation au télescope indique que le navire, loin de revenir vers le groupe, semble s'éloigner. Un mât est rapidement érigé, surmonté d'un grand morceau d'étoffe. Sans résultat. On pense un moment réunir tout le matériel et naviguer avec les deux chaloupes en direction du *Polaris*, mais Tyson constate que les hommes sont abattus et incapables de se discipliner ; ils ne semblent pas avoir conscience du danger. Leur sort n'est-il pas avant tout entre leurs mains ?

Le lendemain, le floe sur lequel ils ont trouvé refuge se fracture ; une chaloupe et six sacs de pain partent à la dérive. Tyson a beau

Après des ordres confus, le *Polarys* est en partie évacué. On pense que la bateau va couler.

ordonner aux marins de tenter de les récupérer, ceux-ci refusent. Il comprend qu'il devra davantage compter sur ses propres ressources et sur l'aide des Esquimaux que sur un groupe qui rejette son autorité, pourtant légitime. Grâce à l'expérience de Joe et de Hans, un nouveau village est construit, tous les igloos pouvant communiquer entre eux. Le 24 octobre, Kruger fabrique une balance pour peser chaque ration et ne pas faire de jaloux. Deux chiens sont tués, dépecés et mangés. Nul doute que les neuf autres subiront le même sort. L'hiver sera rude : il n'est pas aisé de chasser le phoque en cette saison, alors que l'animal représente une ressource alimentaire indispensable. Sa peau sert à la confection de vêtements, les tendons font d'excellents cordages, et l'huile permet d'alimenter les lampes. Depuis quelques jours, le soleil a disparu, la nuit profonde s'est installée ; dans un mois environ, les naufragés entreront dans une phase terrifiante de pénurie de vivres. Les relations entre les hommes ne sont pas au mieux ; Tyson a rejoint les Esquimaux tandis que les sept marins allemands, Meyer, l'assistant de Bessel, et deux Anglo-Saxons, se sont installés dans un autre igloo. Pour des raisons inexpliquées, des armes ont été distribuées aux marins après la mort de Hall, et Tyson redoute qu'ils soient tous armés alors que lui ne l'est pas. Il écrit :

« Un jour, Joe qui a toujours gardé son fusil avec lui ainsi que son pistolet, et qui n'a jamais semblé vouloir me prêter ce dernier, me l'a volontairement apporté, me disant : “Je n'aime pas les yeux de ces hommes.” Je sais ce dont il a peur. Il pense qu'ils tueront Hans et sa famille, et que Hanna, leur fils et lui-même seront les prochains. Dieu défend qu'aucun membre du groupe soit tenté de commettre un tel crime. Cependant, j'ai le pistolet maintenant, et il en cuira à quiconque touchera le plus petit enfant. Hanna est terrorisée. » [2]

Tyson est convaincu désormais que les Allemands veulent prendre le contrôle de l'expédition. Le 16 janvier, un phoque est capturé, mais les Allemands refusent qu'il soit dépecé dans l'igloo des Esquimaux. Ils en exigent la plus grosse part, ce qui ne manque pas d'excéder les Esquimaux qui ont bravé le froid et les flots pour capturer cette proie providentielle. Et pour quel résultat ? Nourrir des hommes qui restent toute la journée couchés dans leur igloo, autant de bouches inutiles !

1 & 2. George Tyson, *Artic Experiences*, Vale Blake, New York, 1874.

Cependant, les chasseurs n'osent rien dire, craignant pour leur vie et celle de leurs familles. Considérant qu'ils passent une grande partie de leur journée à chasser et à affronter les éléments, Tyson souhaiterait augmenter leurs rations journalières, mais il redoute une mutinerie. Les marins sont d'autant plus méprisables que durant toute la dérive ils ne cessent de piller les dernières provisions. Le 25 janvier, il fait – 42 °C, et le mercure gèle. Les hommes sont frigorifiés. Tyson porte depuis le départ du *Polaris* les mêmes vêtements de demi-saison qui ne le protègent guère. Les deux derniers chiens ont été abattus et dévorés.

1ER FÉVRIER

« Une vieille boîte de conserve nous a servi tout l'hiver à faire cuire notre nourriture, je n'ose pas regarder avec quoi Hannah a colmaté les trous qui s'y trouvaient. Il fait plutôt sombre à l'intérieur de la hutte et, pourtant, je suis contraint de fermer les yeux bien souvent. John et Hannah sont assis face à la lampe et jouent aux dames sur un vieux morceau de toile ; ils ont dessiné le damier à l'aide d'un crayon. Comme ils n'ont rien de plus approprié, ils utilisent des boutons pour les pions. La petite Puny est enveloppée dans une couverture en peau de bœuf musqué, elle ne cesse de dire à sa mère qu'elle est affamée. La faim fait pleurer les enfants, ça me fait mal au cœur, mais ils sont contraints d'endurer cela comme les autres. La brise qui souffle toujours du nord-ouest interdit à Joe et Hans de chasser. Les malheureux ! Ils savent bien que notre situation est désespérée. » [3]

8 FÉVRIER

« Je crois ne pas avoir rapporté encore le fait que, bénéficiant enfin d'une lumière suffisante, nous avons nettoyé nos igloos. L'humidité provoquée par la cuisine et par notre propre respiration se condense et couvre l'intérieur de notre hutte. Lorsque nous retirons la pellicule de glace des murs, elle tombe sur nos sacs de couchage et sur le tapis, un simple morceau de toile à même le sol. Ce tapis vaut le coup d'œil, incrusté de couches de graisse, de sang, de salive, de glace et de crasse accumulées lors de quatre mois épuisants. Il est impossible de le nettoyer, alors nous nous contentons de le sortir de la hutte, puis de le secouer et de le battre. Maintenant que le temps le permet, nous faisons cela tous les jours. La nuit, le vent souffle très fort du sud vers le nord. Nos igloos sont presque enterrés sous la neige, et il faut creuser bien plus qu'avant si nous voulons sortir. Si le vent se maintient, il nous conduira au-delà d'Holsteinborg… Nous dérivons à grande vitesse, et Dieu sait où nous serons avant de pouvoir à nouveau rechercher la terre ferme. » [4]

[3 & 4] *Ibid*

Début février, les Esquimaux réussissent à capturer deux phoques, puis, début mars, un autre phoque est tué, si énorme que toutes les forces seront nécessaires pour le hisser sur la glace. Les hommes dansent et rient de bon cœur ; c'est une prise d'environ trois cents kilos, qui fournira plus de vingt-cinq litres d'huile. Les tensions s'apaisent. Ces hommes et ces femmes dont la vie ne tient qu'à un fil savent qu'ils survivront quelques semaines grâce à cette manne. Le camp ressemble à un étal de boucher, c'est une orgie de viande qui se prépare, et qui laissera la neige maculée de sang, d'entrailles et d'ossements rongés. Le 12 mars, une tempête fait exploser le large floe sur lequel repose le village d'igloos, et la communauté en est réduite à camper sur une plaque de glace faisant à peine cent mètres sur soixante-quinze ! La nuit qui suit est horrible, chacun prie pour que cet ultime refuge ne se disloque pas à son tour. La plaque va tenir plusieurs mois.
Avec le mois de mars apparaît la perspective réconfortante du retour du printemps et de températures plus clémentes. Au fur et à mesure de la dérive vers le sud, les animaux sont plus nombreux, et le 26 mars, neuf phoques à capuchon sont tués. Malheureusement, cinq d'entre eux, peu pourvus en graisse, ne peuvent flotter et coulent avant qu'on ait pu les récupérer. Les quatre autres constituent une réserve de viande pour une vingtaine de jours. Le 28 mars, un ours qui fouillait un kayak est abattu à quelques mètres à peine de l'entrée d'un igloo. Tout se présente enfin sous un jour meilleur. La période de famine semble toucher à sa fin. Mais les choses ne sont jamais simples sous ces latitudes, et une nouvelle tempête désagrège le floe. Avant qu'il ne soit trop tard, on décide de le quitter pour en rechercher un plus sûr. On charge l'unique chaloupe – la seconde ayant été démantelée pour fournir du bois –, mais, faute de place, on abandonne les réserves de viande. Ainsi, le 1er avril, les dix-neuf rescapés s'entassent-ils comme ils le peuvent dans une chaloupe prévue pour six hommes. La vue à l'ouest d'une énorme barrière de glace leur redonne courage. Le 3 avril, ils accostent sur un floe de seconde année, sur lequel ils peuvent dormir. Ils rembarquent au petit matin et atteignent en fin de journée la banquise – une traversée de quatre jours qui les laissent exténués et quasiment morts de soif. Une nouvelle aventure commence, car ils ont été obligés d'abandonner vivres et munitions.

Désagrégation du floe de glace qui abrite Tyson et ses compagnons.

Il faut procéder à de nouvelles restrictions de nourriture. Le 7, à la suite d'une fracture du floe, Meyer se trouve séparé du groupe. Dans son malheur, il dérive avec le kayak et la chaloupe, qui ont une valeur inestimable, mais il ne peut ni manœuvrer l'un, ni déplacer l'autre. Joe et Hans sautent de plaque en plaque avec leurs pagaies et arrivent près de lui. La nuit tombe, et Tyson ne trouve qu'un volontaire, le scientifique allemand Kruger, pour se porter au secours des trois hommes. Ils ne parviennent cependant pas à tracter la chaloupe à travers les plaques de glace, tant est grande leur fatigue. Heureusement, d'autres hommes se décident à leur venir en aide. Le groupe est de nouveau réuni, mais se trouve dans une situation désespérée. « Non seulement nous mourons de faim, nous gelons de froid, mais nous brûlons de soif », écrit Tyson dans son carnet.

Le 11 avril, un corbeau sillonne le ciel, preuve que la terre est proche. On n'imagine pas combien un tel signe est encourageant. Mais l'espoir retombe vite, car aucune terre ne se présente, et il n'y a toujours rien à manger. Tyson craint plus que jamais pour la vie des Esquimaux, et son angoisse est tellement forte qu'il note sur son carnet de bord : « La situation des pauvres Esquimaux est terrible.

Ils pensent que les premiers à y passer seront les enfants. Les hommes blancs ne mourront pas de faim, pensent-ils, tant qu'il y aura un enfant à manger. » Tyson prévient les parents esquimaux qu'ils doivent se tenir sur leurs gardes, leurs armes à feu toujours chargées et à portée de main. Il prévient également John Herron, le garçon de cabine anglais, et William Jackson, le cuisinier noir américain, comptant sur le dégoût que devraient leur inspirer les projets des marins allemands. Fort heureusement, Joe parvient à tuer un grand phoque. Les tensions s'apaisent, mais pour combien de temps ?

Le 20 avril, le floe est malmené dans une mer déchaînée. Une vague puissante balaie la tente et tout le matériel de couchage, peaux de bêtes incluses ! C'est une nouvelle catastrophe dont se seraient bien passés Tyson et ses compagnons. Il n'y a rien d'autre à faire que d'embarquer dans la chaloupe et de chercher un abri. La situation n'a jamais été aussi catastrophique, car la nouvelle plaque sur laquelle ils accostent n'est qu'à deux centimètres au-dessus de l'eau et ils se trouvent démunis de tout. Ils n'ont plus ni abri ni vivres et en sont réduits à mastiquer des morceaux de peau de phoque. Tyson envisage même de sacrifier le kayak et de le manger… Miraculeusement, Joe tue un ours le 22 avril – de quoi remonter le moral de tous. Tyson ne peut plus supporter le groupe allemand et en arrive au point où il n'attend plus qu'une seule provocation de leur chef, Kruger, pour lui loger une balle dans la tête.

Comment en est-on arrivé là ? Ces hommes qui depuis des mois ont vécu l'enfer ne devraient-ils pas être unis par des liens fraternels ? Dès le début de l'expédition, et déjà sous les ordres de Hall, les choses étaient mal engagées. Les deux groupes de nationalité et d'état d'esprit différents n'ont pas fusionné. Au contraire, au fur et à mesure que les drames se sont succédé, ils se sont repliés sur eux-mêmes. Hall n'a pas su mettre sur pied un groupe uni, n'a pas trouvé de consensus autour d'un projet.

On ne peut rester sur un floe à fleur d'eau, aussi le groupe décide-t-il de le quitter. Une fois de plus, hommes, femmes et enfants s'entassent dans la chaloupe pour un voyage incertain. En route, on abat trois phoques dont on boit avidement le sang afin d'étancher la soif, la plus grande des souffrances semble-t-il. Quand ce chemin de croix prendra-t-il fin ?

Tyson
et ses compagnons
font des signes
au navire aperçu.

Le 28 avril, les naufragés aperçoivent un steamer, mais il passe son chemin. À la faveur d'une nouvelle chasse, trois phoques sont abattus. Avec leur graisse, on fait partir un grand feu pour attirer l'attention du chasseur de baleines et de phoques, s'il repasse dans les parages. À 5 heures du matin, un autre steamer aperçoit les signaux et fait cap sur les infortunés. Hans, désireux de ne pas le manquer, met son kayak à l'eau et se porte au-devant du *Tigress*. Le 30 avril, le navire met un terme à une incroyable dérive de six mois et demi, qui aura amené les compagnons de Tyson jusqu'au large du Labrador !

Qu'est-il arrivé entre-temps au *Polaris* et à ses hommes ? Selon le capitaine Budington, il aurait tenté sans succès de récupérer le groupe abandonné sur la banquise, puis aurait été entraîné vers le sud. Les quatorze hommes du *Polaris* ont alors hiverné à Foulke Fjord, au nord-ouest du Groenland, où ils entretinrent d'excellentes relations avec les Esquimaux d'Etah. Budington décida d'abandonner le *Polaris* le 3 juin et de descendre la côte du Groenland en chaloupe. Vingt jours plus tard, ils étaient récupérés par le baleinier *Ravenscraig* à hauteur du 75° nord. Après avoir gagné l'Écosse, ils sont arrivés à New York le 7 décembre.

Entre-temps, Tyson avait rembarqué à bord du *Tigress* pour se porter au secours du *Polaris* ! Son commandant, James Augustin Greer, était parvenu à localiser le lieu d'hivernage du *Polaris* et avait appris plus tard de la bouche d'un Esquimau d'Etah que le navire avait coulé non loin de la baie. Puis, après avoir tenté en vain de rencontrer des baleiniers le long de la terre de Baffin, le *Tigress* était rentré à New York le 10 décembre, trois jours exactement après le retour des rescapés du *Polaris*.

1881

ADOLPHUS W. GREELY

LE SPECTRE CANNIBALE

La première année polaire internationale est lancée. À la tête de la mission américaine qui l'inaugure est nommé un héros des guerres indiennes. Cette mission a pour but d'installer une vingtaine de stations scientifiques dans les mers boréales et australes afin d'analyser les relevés météorologiques, magnétiques et astronomiques, et de connaître mieux ces régions polaires dont on pense, à juste titre, qu'elles ont une grande influence sur la Terre. Cette idée noble et originale est celle de Charles Weyprecht, le découvreur de la terre François-Joseph, qui a rallié autour de lui la communauté scientifique internationale.

Les autorités américaines y associent l'armée et choisissent le lieutenant de cavalerie Adolphus W. Greely pour mener à bien cette expédition scientifique composée de vingt-cinq hommes, avec hivernage dans la station de Fort Conger à Ellesmere Island. L'expédition devrait y rester deux ans (un hivernage est prévu) et elle sera ravitaillée une seule fois par bateau.

Abandon de la chaloupe à vapeur. *Lady Greely.*

La maison de Fort Conger, Grinnell Land (Ellesmere Island), le 20 mai 1883.

En route, l'expédition embarque le médecin français Octave-Pierre Pavy et deux mushers esquimaux groenlandais. Pavy est un passionné des régions polaires et a passé une année sur la côte ouest du Groenland. Il y a appris la langue esquimaude et maîtrise la conduite des chiens de traîneau. Grâce à ses voyages, de l'Islande à la Nouvelle-Zélande, il est en outre un bon marin, bien plus expérimenté que ne le sont Greely ou n'importe lequel des officiers ou soldats américains engagés.

Le navire, le *Proteus*, jouit d'excellentes conditions de navigation et parvient sans difficulté au-delà du détroit de Smith, dans le canal Robeson, ce qui est exceptionnel pour la saison.

Pavy et le commandant en second Frederick Kislingbury n'apprécient guère Greely, qu'ils jugent intransigeant, borné et passablement incompétent. Greely n'est-il pas allé jusqu'à interdire à ses hommes de rester couchés durant la journée même s'ils n'ont rien à faire ? Le conflit a atteint une telle violence que Kislingbury a préféré démissionner. Mais Greely est procédurier et tarde à répondre à sa lettre de démission, au point que le *Proteus*, profitant d'une « éclaircie » dans la glace, repart, les marins ignorant que l'un d'eux souhaite rentrer aux États-Unis... Quant à Pavy, seul médecin à bord, Greely a besoin de lui et évite les confrontations.

Lors de ce premier hivernage dans la cabane de Fort Conger, les hommes et les quatre officiers se partagent trois pièces chauffées (la chambre des officiers, la chambre des hommes, qui est trois fois plus grande, et une petite cuisine). Dans ces cent vingt mètres carrés, ils devront vivre quatre mois de nuit polaire. Rapidement, l'ambiance devient détestable. « Nous sommes souvent assis silencieux durant le jour entier, et même les repas ne sont émaillés que d'une remarque ou deux », écrit dans son journal le plus jeune des officiers, James Booth Lockwood. Quant aux deux conducteurs de chiens ouest-groenlandais, dès décembre, ils montrent les symptômes d'une dépression due à l'éloignement de leur famille et de leur terre natale. Néanmoins, durant toute cette longue nuit polaire, les relevés scientifiques sont faits méthodiquement.

Arrive le mois d'avril et le retour de la lumière, propice aux projets d'exploration. Greely lance deux grandes reconnaissances. Pavy remonte la côte est d'Ellesmere en direction du pôle Nord, afin de vérifier s'il existe une terre plus au nord. Arrivé à l'océan Arctique avec sa petite troupe, il progresse vers le Pôle mais bute rapidement sur de grands espaces de mer. Lockwood a plus de chance. Après avoir atteint la côte nord-ouest du Groenland, il pousse au-delà du cap Britannia. Là, il plante le drapeau américain sur un territoire qui n'a pas encore été exploré par l'homme. Ce record de 83° 24' de latitude nord tiendra treize ans.

Le lieutenant Lockwood, Brainard et Christiansen, revenant du point le plus au nord jamais atteint, au 83° 24' nord.

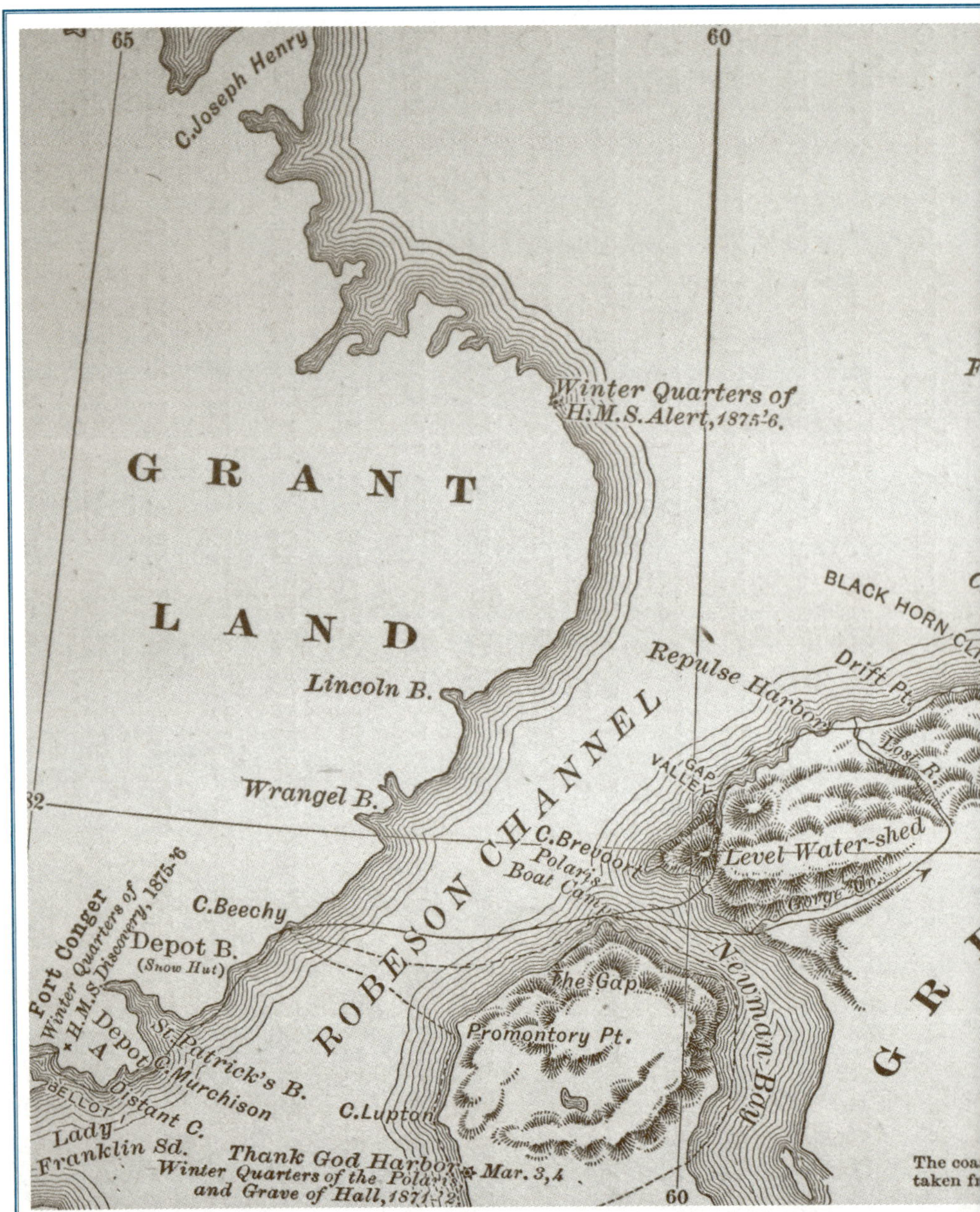
65
60
C.Joseph Henry
Winter Quarters of
H.M.S.Alert, 1875-6.
GRANT
LAND
Lincoln B.
Wrangel B.
BLACK HORN
Repulse Harbor
Drift Pt.
ROBESON CHANNEL
GAP VALLEY
Lost R.
C.Brevoort
Polaris
Boat Camp
Level Water-shed
Gorge Tr.
C.Beechy
Fort Conger
Winter Quarters of
H.M.S.Discovery, 1875-6
Depot B.
(Snow Hut)
Newman Bay
The Gap
Promontory Pt.
Depot A
St. Patrick's B.
C.Murchison
BELLOT
Distant C.
Lady Franklin Sd.
C.Lupton
Thank God Harbor
Mar. 3,4
Winter Quarters of the Polaris
and Grave of Hall, 1871-72.
60
GR

55
BEAUMONT
Mt. Albert
2050
C. Britannia
Lat. 82°44,' Long. 49°
STEPHENSON I.
Victoria I.
Nares Inlet
Cape May
Mt. Hooker
Mt. Coppinger
Mt. Farragut
Farthest of Lieu
Beaumont, R.N
21 May, 1876.
Cape Bryant April 27-29,
supporting party May 24, 25
Mt. Wyatt Rawson
2050 ft.
Dragon Pt.
Mt. Windham
Hornby
3700
REEF I.
WEDGE I.
CASTLE I.
Sherard Osborn Fiord
St. George Fiord
Mt. Punch
ANGE OF HIGH HILLS
LAND
MAP
SHOWING THE EXPLORATIONS
BY
LIEUT. J. B. LOCKWOOD, U.S. ARMY.
1882.
SCALE OF ENGLISH MILES
0 5 10 20 30
Preliminary Journey
ape May is
mont's map.
55
50

Double-page précédente : carte des explorations du lieutenant Lockwood au nord-ouest du Groenland.

Quelques missions à l'intérieur de la terre de Grinnell sont ensuite menées jusqu'au mois d'août. Elles sont principalement consacrées à la chasse, mais l'on procède aussi à des prélèvements botaniques et géologiques, ainsi qu'à des observations zoologiques. C'est l'époque où le *Neptune*, le navire de ravitaillement, doit arriver, et chaque jour les membres de l'équipage scrutent le large. Les uns attendent des nouvelles fraîches qui viennent du pays, d'autres rêvent de vivres frais, d'autres encore de rentrer aux États-Unis et d'échapper à Greely. Tous les espoirs sont permis, car il y a cette année davantage d'eau libre dans la baie de Lady-Franklin que l'année précédente. Malheureusement, le *Neptun*e se trouve à deux cent quinze milles plus au sud, bataillant contre la glace pour se frayer un chemin. À la fin de l'automne, tous ont compris que le bateau n'arrivera plus, et le moral est au plus bas, d'autant qu'on imagine difficilement vivre une nouvelle saison polaire dans les mêmes conditions.

Lockwood s'emploie tout l'hiver à préparer sa nouvelle expédition vers le nord. Dès le 2 mars, il quitte le navire. Mais, cette fois-ci, c'est un échec. Le pack de la mer polaire montre en de nombreux points des traces de débâcle, et l'équipage de chiens finit par passer à travers la fine couche de glace près de Repulse Bay, sur la côte ouest du Groenland. C'est par miracle qu'ils s'en tirent sains et saufs. Lockwood veut continuer, mais les ordres de Greely sont clairs. Pas de risques inutiles en cas de dislocation de la banquise. Le sergent David Brainard se charge de le lui rappeler, et l'équipe rejoint la baie de Lady-Franklin mi-avril.

La sombre perspective d'avoir à cohabiter avec ses compagnons pousse Lockwood à échafauder de nouveaux plans d'exploration, qu'il soumet à Greely. Heureusement, l'un d'eux lui agrée. Cette fois, ce sera un succès, et Lockwood découvrira les vastes étendues de l'ouest.

Les relations entre Greely et Pavy se dégradent, puis la situation empire encore quand le chef de la mission découvre que le médecin réunit une collection personnelle d'échantillons. C'est la rupture. Le contrat de Pavy se terminant le 20 juillet, celui-ci informe Greely qu'il ne souhaite pas se réengager ; il continue cependant à assurer gratuitement les soins en attendant que tous reviennent à bon port aux États-Unis. Greely ordonne à Pavy de lui donner ses carnets personnels, comme c'est l'usage, ce à quoi Pavy s'oppose. Mais Greely le menace de la cour martiale au retour, et le médecin finit par se soumettre.

Peut-on imaginer vingt-cinq hommes venus d'horizons différents confinés dans une cabane de cent vingt mètres carrés ? Les tensions, les soupçons, les jalousies et les haines sont quotidiens. La cabane, qui les protège des intempéries au cœur d'un environnement d'une rudesse extrême, devrait être un havre de paix. Elle est devenue une prison pour chacun. Dans ces circonstances, il y a probablement plus de non-dits que de conflits ouverts. Greely s'inquiète de sauver la mission qui semble souffrir de ces mésententes au point de ne pouvoir être poursuivie.

Les ordres qu'il a reçus de l'armée américaine spécifiaient que si le navire de ravitaillement ne se présentait pas, tous devaient évacuer Fort Conger. La question qui se pose est maintenant simple : faut-il rester ou partir ? Greely compte respecter les instructions sans tenir compte des avis opposés. Celui du docteur Pavy, par exemple, qui préférerait rester sur une position connue, giboyeuse, où le chauffage est assuré puisqu'ils sont proches d'une mine de charbon facilement exploitable. Sans compter l'avantage considérable de pouvoir conserver tout le matériel d'expédition et les chiens…

Mais les ordres sont les ordres, même s'ils ont été donnés de si loin et sans connaissance du contexte. Le chef tranche, peut-être à contrecœur : ils partent en retraite vers le sud-est. Greely est en grande tenue, avec sabre et contre-épaulettes. Les hommes montent à bord de quatre embarcations : le *Lady Greely*, un canot à vapeur, le *Narval*, une baleinière, et deux simples canots, le *Valeureux* et le *Lieutenant Beaumont*. Une grande partie des équipements est abandonnée, ainsi que les chiens. L'un d'eux tente de les rejoindre à la nage tandis que les bateaux s'éloignent et se noie dans l'eau glacée de la baie.

Greely et ses hommes ne sont pas des marins. Les conditions de navigation s'avèrent particulièrement difficiles dans la banquise estivale, tantôt ouverte, tantôt fermée. Les portages sont nécessaires, mais exténuants. À la glace qui fait barrage, à la météo capricieuse, il faut ajouter les courants qui entraînent les embarcations vers le large.

La décision est finalement prise d'abandonner la baleinière, le bateau le plus lourd, et de continuer à tirer les autres embarcations à bras d'homme... Chacun est conscient que la situation est critique, que leur survie dépend de leur capacité à être solidaires, et tous œuvrent dans le même sens, sans rechigner. Il faut tracter les embarcations vers Hat Island, à la forme si particulière. En près de deux mois, ils parcourent plus de trois cent quarante-huit milles en canot, et plus de cent soixante kilomètres en traîneau. Avec un seul canot qui leur permet de franchir les bras de mer ouverts, Greely et ses compagnons débarquent, épuisés, à Eskimo Point. Il ne leur reste qu'un mois de vivres.

Une partie du groupe part en reconnaissance en direction du cap Sabine et découvre un cairn contenant un message consternant : après être parvenu à quatre cents kilomètres de Fort Conger, le *Neptune*, au risque de rester prisonnier des glaces s'il poursuivait, a dû rebrousser chemin. Le commandant indique à Greely et son équipe qu'il n'a débarqué que quelques rations de survie car, suivant les ordres de l'armée, il se devait de ramener des tonnes de vivres aux États-Unis. C'est une tragédie ; Greely doit emmener ses hommes hiverner au cap Sabine.

Un obstacle sérieux se présente lors de la retraite vers le sud.

Les derniers kilomètres pour rallier le cap sont particulièrement pénibles. La région est en effet extrêmement sinistre : des rochers recouverts de lichens noirs, de la glace à perte de vue, parfois entaillée par quelques zones d'eau libre… Au camp Clay, qui est situé sur la plage nord de Pim Island, ils décident de bivouaquer. Une chaloupe abandonnée va servir de toit. Il n'y a plus de combustible, à peine quelques litres d'alcool. Très vite, on part à la chasse, mais le territoire se trouve déserté par le gibier en cette période de l'année.
Un groupe est envoyé au cap Isabella pour y récupérer des rations de vivres laissées par l'expédition britannique de George Nares, en 1875. L'état de la glace rend pénible la progression, et l'un des hommes, Joseph Elison, est à ce point déshydraté qu'il dévore de la neige. Erreur fatale : le malheureux se tord vite de douleur, et le sous-officier George Rice se résout à rentrer chercher du secours au camp Clay, à trente kilomètres. Aussitôt, six volontaires se mettent en route pour retrouver Elison, que Rice a laissé sous la garde de deux hommes épuisés et terrorisés à l'idée de ne pas être secourus. Dans la nuit glacée, sous les assauts d'un vent violent, l'un d'eux finit par perdre la raison…

Brainard et Christiansen au secours d'Elison, Lynn et Frederick.

Premier décès
de l'expédition Greely.

De retour, seul à avoir souffert du gel, Elison est amputé de tous les doigts de la main gauche. Mais une nouvelle menace tourmente bientôt Greely et le docteur Pavy, réconciliés de force devant l'importance des enjeux. Le scorbut fait son apparition ; un soldat succombe. Afin de ne pas effrayer les hommes, on décide de taire la cause exacte du décès.

C'est du froid que l'espoir va renaître. Il consolide la masse de glace entre le Groenland et Ellesmere ; Greely s'y accroche fermement sans savoir que cette solution est aléatoire, tant les courants dans cette région sont puissants. Il faut d'ordinaire parcourir un très large arc de cercle vers le nord pour contourner les eaux libres. Deux hommes sont envoyés début mars en reconnaissance. Tous espèrent qu'ils atteindront la petite île de Littleton, sur la côte ouest du Groenland. Le lieu est supposé être un dépôt de vivres, et sans doute est-ce aussi un mouillage épisodique des baleiniers. Greely est persuadé que c'est là qu'il faudrait être, et non au cap Sabine. Il sait également qu'ils pourront établir un contact avec les Esquimaux hyperboréens d'Etah, qui avaient déjà secouru les expéditions américaines d'Elisha Kane et de Charles Francis Hall par le passé. À cette fin, Greely confie à Rice de menus cadeaux à leur remettre.

Au bout de quatre jours, Rice et son compagnon rentrent au camp. Ils n'ont pu traverser la mer libre, et le dernier canot ayant été utilisé comme combustible, l'espoir aura été de courte durée. À vivre dans

la nuit polaire, avec rien à manger ou si peu, sous un abri de fortune ouvert aux quatre vents, l'homme peut se sublimer comme se rabaisser et redevenir animal. Ici, les compagnons se volent, s'accusent mutuellement. L'un n'a-t-il pas une ration plus importante que l'autre ? Comment évaluer, dans ce froid permanent, l'impact dans l'esprit de chacun de cette privation constante ? Greely fait ce qu'il peut pour maintenir l'ordre. La nuit polaire enveloppe désormais l'expédition. On se chauffe à peine, on s'éclaire avec des lampes esquimaudes à huile de phoque. De plus en plus affaiblis, les hommes restent dans leurs sacs humides, voire gelés.
Le 18 janvier, le scorbut frappe une deuxième fois. Le corps de William Cross est emmené au cimetière Ridge et enterré dans un trou d'à peine quarante centimètres de profondeur. Le soldat n'a même pas le droit aux trois salves d'honneur – les cartouches sont bien trop précieuses.
Les hommes ont faim et soif en permanence. Dans cet univers de glace et de neige, ils en sont réduits, pour boire, à faire fondre contre leurs corps de petites quantités de neige dans des récipients.
Courant février, les querelles sont permanentes. Même les officiers sont prêts à en venir aux mains. Greely observe tout cela impuissant. Son sermon ne variera pas : « Tenons bon ensemble, car divisés, nous périrons. » Il sait que ces disputes et ces rixes sont signes de vie, même si ce n'est pas glorieux. Quand plus personne ne réagira plus, il sera trop tard. Mi-mars, trois lagopèdes sont tués : pattes et entrailles, tout a été méticuleusement partagé – pas assez bien au goût de certains. Le seul espoir véritable demeure Littleton Island, à cent vingt kilomètres à l'est.
Mars : le soldat Charles Henry est pris en flagrant délit de vol de nourriture par Jens, mais Greely se contente de remontrances. Fin mars, bien que les températures restent glaciales, le printemps est là. Avec le retour du soleil, les oiseaux reviennent, et le 27 mars est un jour de fête : pas moins de trente-huit guillemots sont abattus. Les hommes s'essaient à la pêche à la crevette, en se servant d'abats comme appâts. Mais ces pêches miraculeuses ne suffisent pas à leur redonner des forces. Début avril, deux hommes, dont Christiansen, l'un des deux chasseurs esquimaux, décèdent et sont enterrés au cimetière. Le 9 avril, Rice et Frederick tentent de retrouver à Eskimo Point un dépôt de vivres datant de l'expédition Nares. Mais les conditions climatiques

Un ours providentiel apparaît sur la banquise.

déplorables les en empêchent ; comment le repérer alors qu'il est enfoui sous la neige ? Sur le chemin du retour, Rice, qui fut toujours au service des autres, s'écroule et meurt dans les bras de son camarade. Frederick se rend alors compte qu'il a oublié son sac de couchage à Eskimo Point et repart le chercher. Le remords l'étreint ; toute la nuit, il imagine Rice à la merci des bêtes sauvages. Le lendemain, il cherche à immerger son ami dans un trou d'eau et fait un crochet qui lui demande une vingtaine de kilomètres supplémentaires avant de rejoindre le camp. Là, il annonce la mort de son compagnon, l'échec de la mission et restitue au groupe la ration alimentaire de Rice, à laquelle il n'a pas touché ! Quelques jours plus tard, c'est au lieutenant Lockwood de succomber, lui, le héros du record de latitude nord. Greely en est particulièrement affecté. Il perd son officier en second, mais surtout un ami fidèle.

Les drames s'estompent quelque peu le 11 avril, quand Francis Long et Jens, l'Esquimau, tuent un jeune ours polaire. Le lendemain, un phoque tombe sous les balles des chasseurs. La chance tournerait-elle avec le retour du printemps ? Les rations alimentaires sont plus abondantes, mais le mal semble incurable : les corps ont trop souffert.

Greely se sent perdu et désigne son successeur si la mort devait l'emporter. Ce ne sera pas l'officier Kislingsbury – démissionnaire de la première heure mais qui, en vertu de son grade et de son autorité,

Mort de Jens. Journée dramatique : le meilleur chasseur, l'unique kayak et une arme à feu sont irrémédiablement perdus.

aurait pu prendre la tête de la mission –, il est devenu fou. Le sergent Brainard est donc choisi, qui s'emploie à rapporter chaque jour des crevettes ; en trois semaines, il en pêche quelque deux cents kilos. Les hommes n'ont plus que cela à manger et bientôt, chez certains, leur vue provoque un dégoût insurmontable.

Le 29, un drame survient à nouveau : Jens se noie en poursuivant un phoque. Le kayak et la carabine sombrent également – une perte terrible, car sans bateau, on ne peut aller repêcher les animaux abattus.

4 JUIN

« Notre situation empire de jour en jour. Personne ne sait quand la mort frappera, et pourtant chacun l'a depuis longtemps regardée avec indifférence. […] Seuls les survivants peuvent comprendre, et dès les premiers délires, nous nous regardons les uns les autres, conscients qu'un autre de nos compagnons est proche de la mort. S'endormir, peut-être pour la dernière fois. Le sommeil vient toujours accompagné de cette certitude. Une oscillation permanente entre la vie et la mort, une épée de Damoclès, mais bien plus terrible encore que dans l'histoire, parce que pour nous le fil se rompt chaque jour, et la mort emporte un autre de nos compagnons. Jour après jour nous comprenons mieux que d'ici peu – Dieu sait dans combien de temps – un sort identique nous est promis. » [1]

[1] Adolphus Greely, *Three Years of Artic Service*, Charles Scribner and Sons, New York, 1894.

7 JUIN

« J'ai lu le service funèbre de Bender et du docteur Pavy ; leurs corps ont été transportés non loin de la tente. J'ignore si nous aurons assez de force pour les inhumer sur la colline ou à même la banquise, nous les enterrerons sans doute dans la banquise. Ce matin, nous avons mangé toutes les crevettes. Pour la première fois, nous n'en avons absolument plus en réserve. Chacun ramasse des triples de roche, des saxifrages et des lichens, tout ce qui est comestible. Le groupe toutefois est si affaibli que la tâche est difficile. Brainard, Long, Frederick, Biederbick et moi sommes les seuls à tenir encore sur nos jambes. Gardiner est très faible, sans doute vivra-t-il encore quelques jours. Schneider lui aussi est très affaibli. Les blessures d'Elison se sont aggravées du fait de sa diète forcée, mais c'est un homme solide. Cet après-midi, je cherchais des peaux de phoque et je me suis rendu compte que beaucoup manquaient. Schneider m'a dit qu'Henry et Bender les avaient mangées, il les avait suppliés de lui en donner, mais ils l'ont repoussé. Sans doute est-il la bête noire des autres, et il fait sans cesse les frais de vexations. » [2]

2. *Ibid.*

Les rescapés de camp Clay.

L'Amérique n'a pas renoncé à retrouver Greely et ses hommes, et envoie deux navires, le *Bear* et le *Thetis*, au secours de la mission. Les ordres sont clairs : les ramener, morts ou vifs.

Le 22 juin, le cap Payer est atteint. Dans un cairn, on découvre une note déposée par Greely huit mois plus tôt, qui annonce qu'il ne leur reste que quarante jours de vivres.

La région est balayée par une formidable tempête qui lève une mer houleuse et furieuse. Une barcasse à vapeur est tout de même mise à l'eau et fait le tour de Pim Island. Les sauveteurs diront plus tard qu'elle aurait pu chavirer cent fois…

L'abri du camp Clay ne ressemble plus à rien : une toile soutenue par une perche branlante. Ne restent que sept hommes qui attendent la mort. Un cadavre attend d'être jeté à la mer ; personne n'a plus la force de creuser des tombes.

Greely est couché lorsqu'il croit entendre un bruit de moteur ; il demande à Brainard et à Long s'ils trouvent l'énergie de sortir. Long arpente la plage, bute sur un oiseau blessé qu'il dévore cru. Sur la mer démontée, il croit voir danser une baleine… Il rentre peu après et se recouche, signalant à Greely qu'il n'a rien vu. La baleine en fait un canot de sauvetage !

Le sauvetage, le 23 juin 1884.

Greely sur le bateau qui le ramène aux États-Unis.

« Dans son sac de couchage, Greely regardait Colwell d'un air interrogateur et, médusé, il luttait pourtant pour comprendre ce qui se passait. Colwell se pencha vers lui.

« "Greely, c'est bien vous ?

"– Oui, nous sommes sept survivants et nous mourrons ici comme des hommes. Vous savez, j'ai atteint mon objectif, j'ai battu le record."

« Ces quelques mots l'épuisèrent et il se tut ; Colwell et ses compagnons en avaient les larmes aux yeux.

« On distribua judicieusement un peu de pemmican aux survivants qui le dévorèrent et en réclamèrent davantage à grands cris. Colwell exauçait leur souhait comme Schley arrivait.

« "Décrire cette scène saisissante n'est pas facile", écrit le commandant dans son rapport.

« Greely était dans son sac de couchage, le corps légèrement incliné, une main sous la tête. Nous lui avions dit qui nous étions. Pourtant, dans la confusion de son esprit, il nous demanda si nous n'étions pas anglais. Greely était semble-t-il le plus faible du groupe, Connell mis à part. Son esprit toutefois était plus alerte que celui de ses compagnons, mais il s'égarait quelque peu, ses réponses à nos questions étaient décousues et parfois incohérentes. De temps à autre il se reprenait avec effort, mais bientôt la confusion l'habitait de nouveau. Il se taisait un moment, comme pour réfléchir, puis disait : "Je suis si content de vous voir", et presque immédiatement après : "Ces citrons que votre épouse nous a si gentiment offerts, etc." [. . .]

« Il était resté allongé plusieurs semaines en raison de sa santé . Il ne tenait pas debout sur ses jambes. Presque impotent, il n'était à l'aise qu'assis.

« La faim ne le tourmentait plus. Son apparence était celle d'un sauvage, ses cheveux étaient longs et emmêlés, son visage et ses mains couverts d'une crasse épaisse et noire comme la poix. Il ressemblait à un squelette, ses pieds et ses articulations étaient gonflés, ses yeux caves. Portés depuis six ou huit mois, ses vêtements crasseux et presque entièrement usés ne le protégeaient plus assez du froid. » [3]

[3] David Brainard, *The Outpost of the Lost*, The Bobbs Merrill Company, Indianapolis, 1929.

Les sauveteurs en sont conscients : deux jours plus tard il n'y aurait plus eu aucun survivant tant la force d'aller pêcher ou chasser leur manquait. Comme il s'y était engagé, le commandant Winfield Scott Schley ordonne d'exhumer les hommes enterrés au cimetière Ridge. Exhumations faites par les seuls officiers, sans témoin. Que remarque-t-on ? Que des corps ont été démembrés, découpés avec le geste précis du chirurgien ou du chasseur.
L'horreur est à son comble. Mais que pouvait-on attendre d'autre, dans des conditions si épouvantables ? Des autopsies seront pratiquées à la demande des familles. Oui, des corps ont bien été découpés. Les journaux s'en mêlent. Le *Times* n'hésite pas à titrer « Cannibalisme au cours de l'expédition Greely ». Le soldat Henry est autopsié à la demande de sa sœur, et l'on découvre qu'il a été abattu de deux balles de fusil. Greely, qui s'était juré de garder le silence, explique que ce soldat enterré avec tous les honneurs a en fait été fusillé pour vols répétés de nourriture... Dans son *Ultima Thulé,* Jean Malaurie rapporte qu'afin de ne pas éveiller les soupçons des hommes d'équipage, certains cercueils étaient remplis de pierres.
Les rumeurs vont bon train, des détails macabres circulent. On raconte par exemple qu'Henry était dans un tel état de mutilation qu'une tête en bois fut sculptée, et que des bâtons tinrent office de bras et de jambes... On prétendit aussi que le docteur Pavy fut l'un des premiers à aller « se servir » au cimetière Ridge. Son corps ne fut pas retrouvé, et certains expliquèrent qu'il préféra se jeter à l'eau plutôt que d'être dévoré. Greely ne démentit jamais ces rumeurs, se contentant de dire qu'il n'était pas au courant...
Quelle part de vérité faut-il vraiment accorder à ces rumeurs ? Ne sont-elles pas le fruit de l'imagination de certains journalistes en quête d'articles vendeurs ? Il n'y a pas de pire proverbe que celui évoquant la fumée sans feu.

1893 FRIDTJOF NANSEN

SI PRÈS DU PÔLE

Fridtjof Nansen est né en 1861 dans une famille bourgeoise de Christiania (aujourd'hui Oslo). Zoologiste et docteur en philosophie, ce brillant scientifique se fait tout d'abord connaître en 1888, en traversant avec cinq compagnons la calotte glaciaire du Groenland, d'est en ouest, sur cinq cents kilomètres. C'est une première, et le milieu polaire s'intéresse grandement à cet exploit par ailleurs réalisé à skis. C'est l'expédition qu'il monte en 1893, afin de confirmer l'hypothèse selon laquelle un courant prenant naissance en Sibérie passe au voisinage du Pôle et redescend le long de la côte orientale du Groenland, qui le rendra célèbre. Il sera reconnu comme l'un des plus ingénieux explorateurs de l'histoire des pôles, et l'un des plus compétents. Cette hypothèse naît dans son esprit en 1884, après le naufrage d'un bateau américain, la *Jeannette*, commandé par George De Long. Écrasé par les glaces, le navire avait sombré au large de la Sibérie, et on avait retrouvé des débris de l'épave sur la côte est du Groenland. Toute

Nansen repousse l'attaque d'un morse.

cette côte se trouvait parsemée de bois de flottage échoué après une longue dérive. Jusqu'alors, on pensait qu'il venait de Norvège ou des États-Unis.

Nansen connaît les travaux du botaniste Auguste Grisebach, qui a établi que la flore du Groenland abritait des espèces provenant indiscutablement de Sibérie. Au cours de son premier périple au Groenland, Nansen récolte des échantillons de boue, dans lesquels on trouve une vingtaine de minéraux qui laissent supposer au docteur Tornebohm, botaniste suédois auquel Nansen les montre, que ces boues proviennent de rivières sibériennes. Nansen veut vérifier par lui-même la véracité de cette hypothèse. Il imagine dériver dans le courant polaire à l'instar des bois de flottage, en toute sécurité bien évidemment, à bord d'un bateau pris dans le pack polaire. Pari insensé à une époque où les expéditions craignent l'emprise des glaces et cherchent à hiverner dans des baies protégées ! Si le projet échoue, l'embarcation sombrera en plein océan Arctique. Nansen confie la construction du navire à l'architecte Colin Archer. L'innovation consiste à réaliser une coque en forme de coquille de noix, ce qui l'empêche de céder à la pression des glaces. Elle doit, en principe, se soulever en même temps qu'elle subit la pression.

Entre le moment où Nansen soupçonne l'existence de ce courant polaire et son départ des quais de Christiania, il s'écoule neuf ans, dont trois années consacrées à la conception du navire et à la préparation de l'expédition. Le bateau sera baptisé *Fram*, ce qui signifie « En avant ». Un nom qui évoque le dynamisme de ce projet extrêmement audacieux.

Nansen, après avoir étudié les courants et l'expédition De Long, décide de se faire prendre par les glaces au nord des îles de la Nouvelle-Sibérie, et de dériver avec elles au plus près du pôle Nord. Officiellement, le Norvégien ne parle que de la découverte de régions jusque-là inexplorées et situées au voisinage du pôle Nord géographique. Mais qui peut dire s'il n'a pas l'intention de conquérir le fameux Graal arctique – le pôle Nord géographique, ce point mythique qui fascine et obsède les explorateurs ? Présenté par Nansen à la Société royale de géographie, le projet suscite dans le monde entier autant d'enthousiasme que de critiques. Le général Adolphus Greely, héros malheureux de la première année polaire internationale en terre Ellesmere, et de fait peut-être mauvais conseiller en la matière, prédit une catastrophe. D'autres vétérans réputés partagent cet avis : George Nares, Allen Young, sir Joseph Kooker, l'amiral sir George Richards... Mc Clintock en est au contraire un ardent défenseur. Le financement de l'expédition est assuré par le gouvernement norvégien et des dons privés, dont celui du roi. Nansen reçoit des centaines de lettres d'engagement provenant de nombreux pays : il n'en retient que douze, et le dernier candidat est choisi quelques heures avant l'appareillage du navire à Tromsö. Le commandement du *Fram* est confié au capitaine Otto Sverdrup, marin d'expérience qui s'illustrera plus tard en hivernant quatre années de suite en terre Ellesmere.

Le 24 juin 1893 est une journée sombre et triste, Nansen a le cœur brisé en quittant Liv, sa petite fille tout juste âgée d'un an. Toute la Norvège soutient cette première expédition norvégienne à s'engager dans la conquête du Pôle. En route, le long de la côte sibérienne, il embarque trente-quatre chiens de traîneau. Contrairement à ce que

Le *Fram* au milieu de la banquise.

Le repos dominical à bord du *Fram*.

l'on pourrait penser, Nansen redoute davantage la traversée de la mer de Kara et le passage du cap Tcheliouskine que la dérive du *Fram* dans le pack polaire. Tandis que le navire est immobilisé dans le brouillard et les glaces de cette mer arctique, Nansen écrit avec philosophie : « La patience est un des médicaments dont toute expédition polaire doit être le plus abondamment pourvue. »

Dans les parages de l'archipel Nordenskjöld, Sverdrup est contraint de faire une navigation en zigzag incessante. Le *Fram* rebrousse parfois même chemin pour chercher d'autres routes navigables. Omniprésente, la glace doit être franchie coûte que coûte, car hiverner si tôt et si loin du nord ferait perdre une année à l'expédition. Sverdrup ordonne des sondages fréquents pour éviter de s'échouer ou d'éventrer la coque sur les hauts-fonds. Le 10 septembre enfin, le cap Tcheliouskine est vaincu ; une salve de trois coups de canon salue l'exploit. Plus à l'est encore, au nord de l'immense delta de la Lena, la navigation est plus aisée, et l'équipage se détend. L'impressionnant débit du grand fleuve russe donne naissance à un courant qui refoule les glaces arctiques. Le 18, le *Fram* navigue sans obstacle sur une mer houleuse au nord des îles de la Nouvelle-Sibérie.

« Combien de temps cette heureuse navigation durera-t-elle ? L'œil se tourne vers le nord quand on arpente la passerelle. C'est regarder vers l'avenir. Toujours, à l'horizon, le même ciel sombre, qui veut dire mer libre… Nous avons presque atteint 77° de latitude nord. Jusqu'où irons-nous ainsi ? J'ai toujours dit que je serais satisfait de parvenir à 78°. Mais Sverdrup est plus ambitieux ; il parle de 80°, et même de 84° et 85°. Il mentionne sérieusement la mer libre du Pôle, dont il était question dans des livres qu'il a lus ; et il y revient sans cesse en dépit de mes railleries. » [1]

Cette navigation de rêve dure deux jours jusqu'à ce que le *Fram* rencontre de nouveau la banquise. Le 77° 44' atteint, il n'est plus envisageable d'avancer davantage vers le nord. Qu'importe, le *Fram* se laisse maintenant emprisonner par la glace. À bord, chacun est impliqué dans la réussite de l'entreprise et gère au mieux la mission dont il a la charge. L'ennui, dont tout capitaine appréhende les ravages, est inconnu. Mais c'est surtout le traitement des membres de l'équipage qui frappe. Les relations sont faciles, et la hiérarchie peu pesante. Nansen se révèle un pionnier dans le domaine des relations sociales. Sa cabine est ouverte à tous, les droits des marins sont les mêmes que les siens. C'est là une révolution dans l'histoire des explorations arctiques. Nansen est le chef, mais son autorité naturelle et la sympathie qu'il suscite sont telles qu'il n'a jamais besoin de faire valoir ses prérogatives. La réussite de l'expédition tient pour beaucoup dans le recrutement effectué par Nansen lui-même. Une autodiscipline à laquelle personne ne songerait à se soustraire règne à bord.

C'est au cours du mois d'octobre que Nansen comprend à quel point le *Fram* a été intelligemment conçu : le bateau se soulève comme prévu tandis que les blocs de glace roulent sous la coque. Chaque jour, il fait ses relevés, il en est parfois découragé : « 12 mars, toujours en dérive vers le sud, je commence à en être découragé. N'en ai-je pas le droit ? L'une après l'autre, toutes mes espérances s'évanouissent. Et pendant ce temps, indifférente à tous nos sentiments, la nature poursuit impassible son cycle. » [2] Et pourtant, le bilan est plutôt satisfaisant. Tout l'hiver, les hommes

[1 & 2] Fridtjof Nansen, *Vers le Pôle*, Flammarion, Paris, 1897.

s'emploient à tester le matériel dans les moindres détails : skis, traîneaux à voile, armes, munitions, nourriture et vêtements.

Le printemps passe, puis l'été, l'automne, et encore l'hiver. Comment imaginer le cycle d'une année entière vécue dans une grande promiscuité sur un bateau ne dépassant pas trente-neuf mètres de long ? Le second hivernage est préparé avec tout autant de soins que le premier, à la différence près que Nansen est désormais convaincu qu'il faut tenter de rejoindre le pôle Nord. « C'est pure vanité. Mais malgré tout, je dois confesser que je suis assez fou pour essayer d'atteindre le Pôle pendant que j'y suis. » Le froid et méthodique Nansen se mue en un bouillant aventurier.

Il choisit Hjalmar Johansen, étudiant en philosophie à l'université de Christiania, pour l'accompagner dans cette mission et lui donne deux jours de réflexion. « C'est une affaire de vie ou de mort », lui dit-il. Avertissement superflu, la décision de Johansen, qui est un solide gaillard, est déjà prise... L'équipage en est informé le 20 novembre. Les deux hommes quitteront le bateau quand Nansen le jugera le plus opportun.

Le 6 janvier, le *Fram* se trouve à la plus haute latitude nord jamais atteinte, 83° 34'. Le soir, on célèbre l'événement, et la fête n'en serait que plus belle si le capitaine Sverdrup ne souffrait pas d'un refroidissement intestinal. Force est de constater que le plan se déroule à merveille. Quand la tempête souffle du sud, ce sont autant de kilomètres que l'on parcourt vers le nord. Noël est fêté ; Nansen et Sigurd Scott, qui est chargé des observations météorologiques, astronomiques et magnétiques, ont l'« honneur de représenter le beau sexe absent » et se travestissent lors du grand bal organisé à bord. Au premier jour de la nouvelle année, le capitaine Sverdrup adresse ses meilleurs souhaits de réussite à Nansen, désormais au pied du mur. Cette tentative sera « la victoire de la vie, ou la défaite et la mort ». C'est un projet à la limite de l'inconscience.

En quittant le navire, Nansen et Johansen abandonnent leur seule base de retraite. Hommes et bateau dérivant, il leur sera impossible de se retrouver par la suite.

On emporte des sacs de couchage doublés de peau de renne, une tente en soie, un fourneau à pétrole avec seize litres de combustible, six traîneaux, vingt-huit chiens... Les vêtements en peau de loup

Annonce des projets de Nansen à l'équipage du *Fram*.

sont délaissés car, bien que les températures puissent atteindre les – 40 °C, dès que les hommes seront en action, ils auront trop chaud et transpireront. On emporte aussi des chaussettes en cheveux et poils de mouton. Mais ce sont surtout les deux kayaks en bambou sur lesquels Nansen compte le plus. Ils serviront non seulement à franchir les *leads* sur la banquise, mais aussi à naviguer sur l'océan lors de la débâcle, afin de rejoindre le Svalbard ou l'archipel François-Joseph, selon les courants de dérive. Là, ils espèrent être récupérés par des baleiniers.
26 février : faux départ, car les charges sont trop lourdes. On repart le 28. Le capitaine Sverdrup, qui a tenu à accompagner Nansen sur les premiers kilomètres, le prend à part et lui fait une requête étonnante : « J'ai une faveur à vous demander. Si vous revenez avant nous en Norvège et que vous songiez à partir pour le pôle Sud, soyez assez bon pour m'attendre, je tiens à vous accompagner là-bas. » Hélas, cette nouvelle tentative n'est pas plus heureuse que la précédente ; il faut revenir et s'alléger encore. De six traîneaux, on passe à trois. Fort heureusement, le *Fram* ayant dérivé vers le nord, ces retards n'ont guère d'incidence. Nansen et Johansen quittent

définitivement le *Fram* le 14 mars à midi. Ils comptent sur la rapidité des attelages pour progresser vite vers le nord, mais, à cette latitude-là, la glace d'abord unie devient accidentée, et il faut porter les traîneaux par-delà les obstacles. Dans l'Arctique, les bons et les mauvais terrains se succèdent. Nansen et son compagnon se trouvent pendant quelques jours sur une excellente banquise et ils effectuent des étapes de vingt-deux kilomètres. La progression n'est pas aussi rapide que le Norvégien le voudrait.

« Le campement est généralement établi à l'abri du vent, derrière un hummock ou une ligne de monticules. Pendant que Johansen s'occupe des chiens, je dresse la tente et prépare le souper. Le menu se compose tantôt d'un ragoût de pemmican et de pommes de terre séchées ou d'un gratin de poisson, tantôt d'une soupe de pois, de fèves ou de lentilles avec du pemmican et du biscuit.

« Après avoir apporté dans la tente notre matériel culinaire et nos provisions pour le souper et le déjeuner du lendemain, nous nous glissons dans nos sacs de couchage, afin de dégeler nos vêtements.

« La vapeur qui se dégage de notre corps se condense à la surface des vestes et des pantalons en une couche de glace. Nos membres sont pris dans une carapace cristalline absolument rigide. Les manches de ma jaquette sont dures comme de la pierre, et leur frottement contre mes poignets ouvre dans la chair de profondes entailles. La blessure que j'ai au bras droit ayant été "mordue par la gelée", la plaie est de plus en plus profonde et atteint l'os. Vainement j'essaie de la protéger à l'aide de bandes de pansement ; elle ne se ferma que l'été suivant. J'en garderai probablement toute ma vie la cicatrice.

« Une fois dans les sacs de couchage, les vêtements dégèlent lentement, aux dépens de notre chaleur animale. Nous avons beau nous serrer l'un contre l'autre, pendant plus d'une heure et demie nous claquons des dents avant de ressentir un peu de chaleur. À la longue, nos vêtements deviennent souples, mais, le lendemain matin, à peine sortis de la tente, ils reprennent leur rigidité.

« Le souper est le moment le plus agréable de toute la journée. Pendant de longues heures, nous l'attendons impatiemment, et avec volupté nous absorbons notre maigre pitance. Souvent, notre fatigue est si grande que le sommeil triomphe de notre appétit. Nous fermons malgré nous les yeux et nous nous assoupissons la cuiller à la main. [...]

« Après le repas, nous nous accordons généralement le luxe d'un petit extra : une tasse d'eau chaude dans laquelle je fais dissoudre de la poudre lactée. Nous avons l'impression de boire du lait bouillant ; cette boisson nous réchauffe le corps. Après cela, nous fermons hermétiquement les sacs, et bientôt le silence de la banquise n'est plus troublé que par le bruit de nos ronflements et par les exclamations de nos rêves. » [3]

[3] *Ibid.*

Leads, hummocks, brouillards sont là pour lui rappeler la réalité du Pôle. La fatigue est terrible, et le repas est le seul moment agréable de la journée. Les jours se suivent et se ressemblent. Nansen le méthodique, qui a lui-même dessiné ses équipements et préparé avec minutie le chargement des traîneaux, cet homme apprécié de ses semblables se révèle sans cœur à l'égard de ses animaux. Il inaugure la « méthode scandinave », ayant pour seul objectif la recherche de l'efficacité. Au cours de la progression, on tuera des chiens, qui serviront de nourriture aux autres. L'abattage est programmé à l'avance.

« J'avance en tête de la colonne pour tracer la route ; ensuite vient le traîneau chargé de mon kayak, derrière marche Johansen avec les deux autres véhicules, occupé sans cesse à presser les attelages de la voix ou du fouet, et à pousser les traîneaux sur les pentes des hummocks.
« Devant chaque accident de terrain, les chiens s'arrêtent. Si le conducteur ne peut enlever son attelage, celui de nous qui se trouve en avant doit revenir aider au passage du véhicule…
« Du commencement à la fin, cette marche n'a été qu'une longue souffrance pour ces pauvres animaux. Je frissonne encore en pensant avec quelle sauvagerie nous les battions, lorsqu'ils s'arrêtaient, incapables d'avancer. Même dans ces circonstances dramatiques, je sentais l'excès de notre cruauté ; elle était cependant une loi de notre situation.
« Nous devions marcher vers le nord ; aucune considération de sentimentalité ne devait donc nous arrêter. De pareilles entreprises atrophient tous les bons sentiments pour ne laisser dans l'homme qu'un abominable égoïsme. » [4]

4. *Ibid.*

Nansen, comme Amundsen plus tard, ne fait pas de sentiment. Il est prévu que ses bêtes seront sacrifiées au fur et à mesure que les traîneaux s'allègent. La conquête du Pôle est à ce prix !
Après trois semaines de progression, le Norvégien se rend compte qu'il est inutile de continuer plus au nord car, comme Parry l'avait découvert soixante-dix ans auparavant, la dérive de la glace vers le sud annule leur avance ! La raison l'a finalement emporté sur le désir d'atteindre le Pôle. Nansen et son compagnon ayant établi un nouveau record de latitude nord (86° 10'), ils décident le 8 avril 1895 de rebrousser chemin vers le cap Fligely, la terre la plus au nord de l'archipel François-Joseph, à plus de six cents kilomètres.

La route du retour est amorcée sans incident majeur. Sur un tronc de mélèze, Jansen et Johansen gravent leurs initiales. Au 85° nord, les deux hommes trouvent des empreintes de renard polaire, alors qu'ils sont extrêmement éloignés de la terre François-Joseph.
Fin avril, les leads barrent de plus en plus la route du sud, et il n'y a plus de vivres pour les chiens. Ils sont abattus les uns après les autres. Le 8 mai, Nansen n'en a plus que quatre, attelés à son traîneau, dont le halage devient plus éprouvant. La retraite n'en finit plus. Les hommes guettent la terre ; la faim menace à présent.
Mai et juin passent ; les leads sont toujours plus nombreux, la neige est détrempée entre les hummocks, et la progression est difficile. Fort heureusement, un phoque est capturé le 22 mai : « Hier, nous étions tristes et abattus, à moitié morts de faim, incapables de nous frayer un chemin à travers les amoncellements de glace. La situation paraissait

Chenaux d'eau (*leads*) dans la banquise.

désespérée. Maintenant, la vie s'ouvre devant nous, gaie et heureuse. Le plus petit incident suffit à changer le cours des choses. » [5]
Nansen, qui a les fonctions de cuisinier, invente les crêpes au sang de phoque et au sucre – « le mets le plus délicat jamais goûté, absolument exquis. Un véritable régal ! » Il n'empêche que l'ennui gagne les deux compagnons. « Pourquoi prendre mon crayon ? Toujours la même vie monotone et toujours la même hantise des êtres adorés. Les jours se suivent et se ressemblent. » Du 22 juin au 22 juillet, Nansen décide d'attendre la dérive sur un floe et nomme son camp le « camp de l'attente ». Seul événement notable : le 10 juillet, une ourse et ses deux petits sont abattus. Les deux derniers chiens peuvent se repaître à volonté de viande fraîche, mais pour l'un d'eux, il est déjà trop tard ; l'animal est incapable de se tenir sur ses pattes. Situation désarmante ; les deux hommes sont en bonne santé, mangent à leur faim mais ne savent pas où ils sont et redoutent par-dessus tout la monotonie.
Enfin, terre en vue le 24 juillet ! L'événement tant attendu redonne espoir, mais la glace reste très difficile à franchir. « Toujours des amoncellements de blocs hauts comme des montagnes, et entre ces accidents de terrain, des vallées et des ravins. » Nansen et Johansen imaginent toucher terre en deux jours de marche forcée ; il leur en faudra treize ! Nansen est victime d'un lumbago douloureux et ne peut plus tirer son traîneau pendant quelques jours. De plus, la dérive de la glace éloigne l'expédition de ces terres providentielles. Le 4 août, la banquise est impraticable : « Pour vous donner une idée de la banquise, représentez-vous un empilement d'énormes glaçons, séparés tantôt par des trous remplis de neige molle et d'eau, tantôt par de larges étangs. Une suite de montagnes russes branlantes ; après une colline, un ravin – bref, un terrain formé de blocs inégaux entassés dans le désordre le plus extravagant. Nulle part la moindre plaque unie, où l'on pourrait dresser la tente et attendre ; avec cela, un brouillard épais. » [6]
Les deux hommes vivent une grande frayeur lors de l'attaque de Johansen par un ours polaire. Heureusement, les deux derniers chiens ont fait diversion, et Nansen, d'une seule cartouche, a mis l'ours à terre.

[5 & 6] *Ibid.*

À la voile
sur la mer libre.

Le 6 août, ils débouchent sur une grande étendue de mer libre, avec la perspective d'atteindre rapidement la terre promise. Les kayaks sont assemblés comme un catamaran, mais il n'y a pas de place pour les chiens : « Maintenant que les temps sont devenus meilleurs, nous devons les abandonner. Cette pensée attriste notre joie. Non, en vérité, je ne puis me résoudre à cette nécessité. Mais la vie a ses exigences barbares. Il faut en finir. Je tue Suggen, le chien de Johansen, et mon camarade se charge de Kaïfas, le dernier survivant de mon attelage. Après cette triste exécution, nous sommes parés pour le départ. » Les deux explorateurs ne sont pas pour autant au bout de leurs peines ! Après une traversée à la voile, ils sont confrontés à un front de glacier qui ne leur laisse aucune possibilité de débarquer. Ils doivent passer la nuit sur un floe. Pendant une semaine encore, les journées sont rythmées par le halage des kayaks entre deux étendues d'eau libre et la navigation tantôt à la voile, tantôt avec des pagaies de fortune, faites de tiges de bambou et de skis. Le brouillard se lève rarement, et Nansen a toutes les difficultés du monde à se repérer. En route, ils sont attaqués par un vieux morse qui manque faire chavirer le kayak de Johansen. Il n'y a pas d'autre solution que de tuer l'animal. Enfin, le 15 août, après cinq mois d'errance sur la banquise, Nansen et Johansen posent le pied sur cette terre promise, faite de blocs de basalte et de gravier, où poussent des saxifrages et des pavots arctiques.

C'est avec une immense joie que Nansen et son compagnon arpentent cet îlot perdu de l'archipel François-Joseph. Ils progressent le lendemain vers l'ouest ; l'île Torup est abordée, éden arctique, sanctuaire de milliers d'oiseaux de mer. Ce jour-là, grand beau temps, le soleil brille. Les hommes ont retrouvé toute leur énergie. Mais une fois de plus, il faut se résigner à affronter les éléments ; la mer libre s'efface peu à peu, remplacée par une banquise très mauvaise, jamais elle n'a été aussi accidentée. Et il faut encore faire face à l'attaque d'un morse. Heureusement, Nansen et Johansen parviennent à débarquer sur un floe et attendent que le mastodonte s'éloigne. Il serait vain de gaspiller des cartouches pour un butin trop lourd pour être transporté. Tout espoir de rentrer cette année en Norvège s'est évanoui. Il leur faut à présent songer à hiverner ! C'est aux abords d'une île giboyeuse que Nansen choisit son emplacement. La chasse s'annonce abondante ; en quelques jours, les deux chasseurs tuent bon nombre d'ours et de morses, qui fourniront assez de viande et de graisse pour manger, suffisamment d'huile pour s'éclairer et se chauffer durant les nuits polaires. Ne disposant que d'une petite tente, les deux hommes entreprennent de construire une hutte en pierre. Ils se fabriquent des outils de fortune : une dent de morse emmanchée au bout d'une traverse de traîneau devient un levier, une omoplate fait office de bêche. Ils se rendent chaque jour à une falaise située à quelques centaines de mètres pour en extraire des blocs qui constitueront les soubassements de la hutte. « Avec de la patience, on arrive à tout », écrit Nansen confiant. Au bout d'une semaine de travail, les murs sont achevés, et l'on peut se tenir debout dans l'abri. Pour le toit, ils se contentent de bois trouvé sur la plage et de peaux. Les réserves de lard de morse accumulées autour de la hutte sont autant d'appâts pour les ours du voisinage, qui s'écroulent sous les balles des deux Scandinaves. Il n'empêche : ces animaux affamés ont dévoré une bonne part des réserves.

À présent terminée, la hutte fait trois mètres sur deux, un espace suffisant pour les deux hommes. Pour passer le temps, ils n'ont d'autre activité que de dormir et manger ; ils dorment parfois jusqu'à vingt-quatre heures d'affilée.

Le 8 mars, au retour du jour, le premier ours de la saison est tué. Il était temps : les réserves commençaient à diminuer sérieusement. Quelques jours après, encore deux ours sont abattus. Les réserves de viande semblent suffisantes à Nansen pour continuer la retraite vers le sud, d'autant qu'au large, de vastes étendues d'eau noire navigable invitent à reprendre les kayaks. Mais avant toute chose, il faut se confectionner de nouveaux vêtements, ainsi que des sacs de couchage et des bottes. La hutte devient pour quelque temps un atelier de confection et de cordonnerie.

Le départ a lieu le 19 mai. Nansen manque se noyer en tombant dans un lead masqué par une fine épaisseur de neige, mais cette frayeur n'est rien comparée à celle éprouvée le 12 juin. Parvenant tout au sud de l'archipel François-Joseph, après une étape exténuante en kayak dans la tempête, ils accostent sur une côte de glace pour se détendre. Pour des explorateurs aussi expérimentés, l'incroyable va alors se produire. Mal arrimés, les embarcations partent à la dérive vers la grande mer libre qui s'étend jusqu'à la côte sibérienne. Moment de stupeur. Les hommes sont démunis de tout, sans armes, sans réchaud et sans vivres. Une mort atroce les attend.

« Pendant que j'examine l'horizon, Johansen s'écrie tout à coup : "Les kayaks s'en vont à la dérive !" À toute vitesse nous courons vers la rive. Les canots sont déjà à une certaine distance du bord et filent rapidement vers le large. La drisse avait cédé !

« "Prends ma montre", dis-je à Johansen.

« Et, en un clin d'œil, je me débarrasse des vêtements les plus gênants pour pouvoir nager plus facilement. Je n'ose me dévêtir complètement, par peur d'une crampe. Et, d'un bond, je saute à l'eau.

« Le vent soufflait de terre et poussait rapidement les kayaks vers la pleine mer. L'eau était glacée ; mes vêtements entravaient mes mouvements, et les canots s'éloignaient toujours. Loin de gagner du terrain, j'en perdais. Il me semblait presque impossible de pouvoir les rejoindre. Mais avec eux disparaissait tout espoir de salut, tout ce que nous possédions ; nous n'avions même pas sur nous un couteau. Que je fusse noyé ou que je regagnasse la rive sans les kayaks, le résultat était le même.

« Donc, me raidissant, je fais un effort terrible. Le salut est à ce prix.

Nansen réussit à rattraper les kayaks partis à la dérive.

« Quand je me sens fatigué, je nage sur le dos. Dans cette position, j'aperçois Johansen qui se promène fébrilement sur la glace. Le pauvre ami, il ne peut rester en place ; sa position lui paraît affreuse, d'être ainsi condamné à l'impuissance, et il n'a guère espoir de me voir réussir.

« S'il se fut jeté à l'eau à son tour, cela n'aurait pas avancé les choses. Plus tard, il me raconta que cette attente terrible avait été le moment le plus pénible de sa vie.

« Quand je me retournai, je vis que j'étais plus près des kayaks. Cela me donna du courage et je redoublai d'efforts. Malheureusement, l'engourdissement et l'insensibilité envahissaient mes jambes ; bientôt il me serait impossible de les mouvoir… Maintenant la distance n'est plus longue ; si je puis tenir encore quelques instants, nous serons sauvés. En avant donc ! Mes brassées deviennent de plus en plus courtes : encore un effort, et je rejoindrai les embarcations. » [7]

7. *Ibid.*

C'est un miracle que Nansen ait pu sauver les embarcations dans cette eau glaciale. Après une bonne nuit de repos durant laquelle les vêtements sèchent tant bien que mal, les deux compagnons repartent sur une mer calme mais infestée de morses. La prudence est de rigueur, mais cela n'empêche pas Nansen d'être attaqué le 15 juin. Une attaque directe sur le fond du kayak, qui provoque une voie d'eau. C'est en sentant ses jambes trempées que le Norvégien se rend compte de la gravité de la situation. Fort heureusement, il arrive à débarquer sur un floe et, avec l'aide de Johansen, il hisse sur la glace son canot qui commençait à couler. La réparation s'avère délicate, car une déchirure de six mètres de long s'étend sur la coque. Le 17 juin, alors qu'il prépare le déjeuner, il croit entendre des aboiements. Il gravit immédiatement un hummock voisin. Johansen, encore endormi, pense avoir perçu des jappements. Nansen part en reconnaissance et aperçoit dans la neige des traces, puis deux formes noires – celle d'un chien et bientôt, celle d'un homme !

Rencontre de Nansen et de Jackson.

« Est-ce Jackson, un de ses compagnons, ou un compatriote ? Nous marchons à la rencontre l'un de l'autre. J'agite mon chapeau, il fait le même mouvement. Je l'entends parler à un chien ; c'est un Anglais. J'avance et je crois reconnaître M. Jackson, que j'ai vu une fois avant mon départ.

« Je salue, et nous nous serrons les mains avec un cordial : How do you do ?

« Au-dessus de nous, un plafond de brume ; au-dessous, la banquise rugueuse ; autour, une échappée de vue sur la terre tout de glace et de neige. D'un côté, un Anglais en complet élégant, avec de hautes bottes en caoutchouc, tiré à quatre épingles, répandant une bonne odeur de savon, perceptible aux sens aiguisés d'un primitif ; de l'autre, un sauvage en haillons, enveloppé d'une longue chevelure et d'une épaisse barbe, absolument inculte, couvert de crasse et de suie. Sous ces dehors, personne ne pouvait reconnaître le personnage.

« "Je suis heureux de vous voir, me dit Jackson.

« – Merci ! Moi également.

« – Avez-vous un navire ici ?

Ainsi s'achève une aventure humaine d'autant plus exceptionnelle qu'à la différence de l'expédition Cook, Nansen et Johansen n'étaient pas accompagnés de chasseurs esquimaux. Ce fut la dernière expédition du savant norvégien. Il préféra s'orienter vers d'autres horizons. Il est l'explorateur polaire qui, avec son compagnon, s'est le plus approché du Pôle. Le *Fram*, navire océanographique et météorologique, était également un laboratoire biologique. Nansen publia six volumes d'observations scientifiques. Les découvertes les plus importantes établirent la dérive de la banquise et son itinéraire. Après l'indépendance de la Norvège en 1905, désormais séparée de la Suède, Nansen devint professeur d'océanographie à l'université de Christiania, puis ambassadeur à Londres. Il œuvra en faveur des réfugiés pendant la Première Guerre mondiale et obtint le prix Nobel de la paix en 1930, l'année de sa mort.
Ironie du destin, son compagnon Johansen sombra dans l'alcoolisme. Afin de lui venir en aide, Nansen intervint auprès d'Amundsen, qui

« – Non, mon navire n'est pas ici !
« – Combien êtes-vous ?
« – J'ai avec moi un compagnon." »
Tout en causant, nous nous dirigeons vers la côte. Tout à coup, Jackson s'arrête, me regarde et s'écrie :
« "Mais, n'êtes-vous pas Nansen ?
« – Oui.
« – Par Jupiter ! Que je suis aise de vous voir !"
« Et il me serre de nouveau les mains avec effusion, en me souriant affectueusement.
« "D'où arrivez-vous ? me demande-t-il.
« – J'ai quitté le Fram *par 84° de latitude nord, après une dérive de deux ans, et ai ensuite atteint le 86° 13'. De là, nous avons gagné la terre François-Joseph où nous avons hiverné ; maintenant nous sommes en route pour le Spitzberg.*
« "Je suis heureux de votre succès. Vous avez, certes, accompli un magnifique voyage, et je suis enchanté d'être le premier à vous en féliciter."
« En même temps, Jackson me prend à nouveau les mains et les presse. Dans cette poignée de main, je sens plus qu'une forme de politesse. Aussitôt, avec la plus parfaite affabilité, mon interlocuteur m'offre l'hospitalité dans sa station et m'annonce que d'un jour à l'autre il attend l'arrivée d'un navire chargé de ravitailler son expédition.
« Dès que je puis parler, je demande à Jackson des nouvelles des miens. Lors de son départ, deux ans auparavant, ma femme et ma fille étaient en parfaite santé. Je m'enquis ensuite de la Norvège et de la situation politique. De ce sujet il ne savait rien. J'en conclus que tout allait bien de ce côté. » [8]

8. *Ibid.*

se montra très réticent, pour qu'il l'engage dans son expédition vers le pôle Sud. Les choses tournèrent mal, et les deux hommes eurent de violentes altercations. Cette expédition fut fatale à Johansen, qui se tira une balle dans la tête peu de temps après son retour dans un hôtel de Christiania.

Quant au *Fram*, sous le commandement d'Otto Sverdrup, il dériva dans la glace vers le nord et parvint à la plus haute latitude le 15 mars (85° 55' de latitude nord). Après un nouvel hivernage réussi, Sverdrup le mena jusqu'à l'île des Danois au nord-ouest du Spitzberg, où il rencontra Salomon Andree lors de sa première tentative en ballon. Il atteignit Tromsö, au nord de la Norvège, un jour avant Nansen qui rentrait à bord du *Windward*, le navire de ravitaillement de Frederick George Jackson.

Portrait de Nansen, photographié par Jackson au cap Flora.

1897

SALOMON ANDREE

À L'ASSAUT DU PÔLE EN BALLON

Cela fait cinquante ans que l'on tente de rejoindre le pôle Nord géographique. Après avoir longtemps cru au mythe de la mer polaire cernée par les glaces, les explorateurs sont convaincus qu'il n'en est rien et ont tenté des expéditions en traîneaux, utilisant la traction humaine ou animale. Il faut d'abord naviguer le plus au nord possible, au risque d'être pris par les glaces et de sombrer. Depuis cette base avancée, on prépare l'hivernage et l'assaut du Pôle au printemps.

Après avoir étudié les expéditions précédentes ainsi que les courants et les vents, Andree décide de rallier le pôle Nord géographique en… ballon. L'idée est novatrice, et lorsque ce Suédois passionné d'aérologie la soumet au sixième Congrès international de géographie, en 1896, il ne laisse personne indifférent. Projet insolite, immédiatement jugé suicidaire tant il présente de risques. Des explorateurs célèbres, comme Albert Hastings Markham, Fridtjof Nansen ou Adolphus Washington Greely, tentent de le convaincre de renoncer, mais en vain.

Le ballon, trop lourd, vient de se poser sur la banquise.

Andree a tout préparé. Il veut partir du nord du Spitzberg en juillet, afin de profiter des vents du sud.
Conformément à ses plans, Andree, ses deux compagnons et une équipe d'ouvriers et de techniciens embarquent et cinglent plein nord vers l'archipel du Svalbard et l'île des Danois (Danskoya), où Andree établit sa base de départ, dans la baie de Virgo. Le lieu n'a pas été choisi au hasard. Tout au nord se trouve l'île d'Amsterdam, relativement plate, puis quelque mille kilomètres de banquise jusqu'au Pôle, tant convoité.
Il faut quatre jours pour remplir de cinq mille mètres cubes d'hydrogène l'enveloppe en soie du ballon. Les journées s'écoulent ensuite en attendant des conditions favorables au départ. Mi-août, on voit apparaître le *Fram*, qui revient d'une longue dérive dans les glaces du bassin arctique. Son commandant, Otto Sverdrup, apprend à Andree que Nansen et son compagnon Johansen ont tenté de rejoindre le Pôle à skis avec des chiens, mais que l'on est sans nouvelles d'eux. Andree comprend que la saison est trop avancée pour tenter l'aventure et décide de remettre le projet.

Construction du hangar en bois qui abrite l'enveloppe du ballon.

Le 30 mai 1897, Andree est de nouveau à pied d'œuvre à Danskoya. Un de ses compagnons, Nils Elkholm, déclare forfait, estimant que l'enveloppe du ballon n'est pas assez étanche pour conserver l'hydrogène jusqu'au pôle Nord. Knud Fraenkel le remplace avec enthousiasme. L'entreprise mobilise des moyens considérables : quarante tonnes de filins d'acier sont nécessaires à la tenue du ballon, trente-neuf tonnes d'acide sulfurique – avec lequel on fabrique l'hydrogène – et soixante-quinze tonnes d'eau. Pour assurer les communications, Andree emporte trente-deux pigeons voyageurs et plusieurs bouées destinées à être larguées.
Andree est un homme intelligent, froid et impassible. Sans doute réalise-t-il là le défi immense qu'il s'est lancé. Dépassé par l'ampleur des événements, il ne peut plus renoncer. Dans son carnet de route, il écrit : « J'ai la prémonition que ce voyage terrible me conduira à la mort ! » [1]

[1] Salomon Andree, *En ballon vers le Pôle*, d'après les notes et documents retrouvés à l'île Blanche, librairie Plon, Paris, 1955.

Le matin du 11 juillet, deux baleiniers norvégiens craignant une tempête de secteur sud viennent se mettre à l'abri dans la baie de Virgo. Les nuages filent vers le nord à toute vitesse. Andree tient conseil. Ses compagnons désirent partir ; lui, anxieux, donne l'ordre de démonter l'immense hangar qui protège le ballon. Andree compte sur le système des *guideropes*, trois cordes de guidage de longueurs différentes. Le principe est simple : si le ballon s'élève trop par suite d'ensoleillement (qui dilate l'hydrogène), le poids des guideropes – neuf cents kilos pour une longueur totale de mille mètres – constitue une entrave à l'élévation excessive. À l'inverse, si le ballon s'alourdit à cause du gel se déposant sur ses structures, les guideropes finissent par toucher le sol et réduisent d'autant son poids, ce qui aura pour effet de le faire remonter. C'est un système ingénieux qui a déjà fait ses preuves. Ainsi, l'embarcation doit rester à une altitude de cent cinquante à deux cents mètres.

Ce matin du 11 juillet, au moment du départ, personne ne se rend compte que les deux tiers inférieurs des guideropes sont restés sur la plage. C'est un élément essentiel de la structure qui va faire défaut. Dans la précipitation du départ, la nacelle est à deux doigts

Le ballon d'Andree quitte la baie de Virgo à la faveur d'un vent du sud.

d'effleurer l'eau du fjord, et les hommes larguent en catastrophe deux cent sept kilos de lest pour reprendre de la hauteur.
Le ballon est emporté vers le nord-est à la vitesse de neuf mètres par seconde. Le vent se maintiendra-t-il dans cette direction pour parcourir les mille cent kilomètres à vol d'oiseau ? C'est un projet insensé, mais Andree et ses compagnons viennent d'entrer dans l'Histoire.

LE 12 JUILLET AU SOIR, ANDREE ÉCRIT :

« Qu'il est étrange de passer ainsi au-dessus de la mer polaire. Être les premiers à survoler ces étendues inexplorées ! Dans combien de temps aurons-nous des imitateurs ? Serons-nous considérés comme des fous, ou suivra-t-on notre exemple ? Je ne puis nier qu'un sentiment de fierté nous domine, mes deux compagnons et moi. Il n'est pas discutable que, dans cette aventure, nous risquons notre vie.
« Mais nous pouvons mourir, puisque nous avons fait ce que nous avons fait.
« Et je me demande si ce que nous éprouvons n'a pas sa source dans un sentiment d'individualisme exalté qui ne peut se résoudre à n'être qu'un anneau de la chaîne commune, oublié et méconnu des générations présentes et futures.
« N'est-ce point là ce que l'on nomme ambition ?
« Le bruissement des guideropes sur la neige, le battement des voiles et le glapissement du vent dans l'osier sont les seuls bruits qui rompent le silence. » [2]

2. *Ibid.*

Le lendemain du départ, le vent tourne au nord-est, puis devient quasiment nul en fin de journée. Le ballon, bien parti au nord-est la première journée en dépassant le 82° nord, est reparti plein ouest le long du 82° la journée du 12. Le 13 au matin, changement de cap à nouveau : il repart mollement vers l'est, puis vers le nord-est. Les conditions sont de plus en plus difficiles, à cause du gel et de l'absence des guideropes. La nacelle heurte souvent la banquise. Andree, Strindberg et Fraenkel sont à bout, incapables de prendre du repos et de dormir. Le stress, la fatigue et la peur commencent à faire douter Andree, qui note cependant l'excellente ambiance qui règne à bord de l'*Aigle*, nom de baptême du ballon. Le 13 au soir, on jette six petites bouées, un treuil, du sable, un tonneau et des vivres, soit environ trois cents kilos. L'*Aigle* peut de nouveau gagner de l'altitude, et l'optimisme revient un peu.

Les trois hommes progressent péniblement vers le sud en tirant une chaloupe montée sur un traîneau.

Quelques heures de tranquillité, car vers 22 h 30, la nacelle frappe la banquise. Le choc est d'autant plus violent que le brouillard est de la partie, et que les hommes ont toutes les difficultés à apprécier les distances. Le ballon est très alourdi par les couches de glace. Le 15, au petit matin, Andree décide de le quitter. Il a presque atteint le 84° nord. Les perspectives qui s'offrent à lui ne sont pas nombreuses. En plein milieu de l'océan Arctique, à quelque cinq cents kilomètres de la baie de Virgo qu'il sait ne pas pouvoir atteindre en raison des courants contraires, il faut se diriger vers le sud et tenter de rallier, sur l'archipel François-Joseph, le cap Flora, où se trouve un important dépôt de vivres.

Andree et ses compagnons ne sont pas des explorateurs polaires de la même trempe que les Peary, Cook ou Nansen. Ils n'ont aucune expérience du Pôle et des conditions de progression sur la banquise. Premier constat, mais ils s'en doutaient du haut de leur nacelle : la banquise n'est pas l'étendue plate que l'on imagine. Au cœur de l'été, les étendues de glace sont barrées par des chenaux d'eau libre, les leads, qu'il faut passer coûte que coûte. La glace unie laisse parfois place à des monticules colossaux, que l'on franchit en se frayant un chemin à la hache. Pour leur expédition, Andree et ses compagnons ont emporté une chaloupe et trois traîneaux approchant les deux cents kilos chacun. Les trois hommes s'emploient d'abord à les tirer ensemble et successivement, ce qui multiplie les portages. Ils décident ensuite de diminuer leur poids et de les tirer chacun individuellement. Des équipements et des vivres sont abandonnés. Le traîneau d'Andree s'allège ainsi d'une bonne centaine de kilos.

Par endroits, la neige est si profonde que les hommes s'enfoncent jusqu'aux genoux. Par bonheur, ils peuvent compter sur un ravitaillement fréquent en viande fraîche, grâce aux ours, assez nombreux sous ces latitudes. On en abat beaucoup, car l'équipe ne peut pas emporter toute la viande qu'elle voudrait. Le 4 août, Andree comprend qu'il est inutile de s'obstiner à faire route vers le cap Flora à cause de la dérive. On marche désormais vers les sept îles. Le moral reste bon, bien que les premières diarrhées commencent à frapper Strindberg, soigné à coup d'opium. Le 6, un ours est abattu. Il est bien meilleur que celui tué le 2, tellement dur que les fourchettes en furent tordues !

Fraenkel et Strindberg regardent un ours polaire qu'ils viennent d'abattre.

12/7 22.00 – 13/7 11.00
12/7 19.30
12/7 16.00
13/7 1
13/7 12.00
13/7 14.00
13/7 17.30
11/7 20.00
11/7 18.30
11/7 18.00
Sjuöarna
(Seven I.)
11/7 16.30
11/7 16.00
Smeerenb. Bay
11/7 15.00
sterdamön
11/7 13.50
Danskön
Andrées ballongstn
Mossel Bay
S P E T S B E R
NORD

λ = Ö 29°52,
φ = 82°55,7
14/7-7 30
14/7 4.30
14/7 3.00
14/7 1.30
14/7 0.30
23.30
midnatt 19-20 juli
21. juli e.m.
26. juli e.m.
natten 2-3 aug.
3. aug. e.m.
29. juli morg.
31. juli e.m.
4. aug e.m.
12/7 5.00
12/7 6.00-6.30
12/7 9 00
6. aug. midd.
11/7 23.00
11/7 24.00
12/7 1.30-3.00
9. aug. morg.
10. aug. midd.
11. aug. midd.
16. aug.
natten 18-19. aug.
21. aug. midd
23. aug. midd.
28. aug. kvällen
25 aug. e.m.
29. aug. e.m.
12. sept. midd.
2. sept. midd.
9. sept. e.m.
4. sept. f.m.
6. sept. midd.
15. sept. midd.
17. sept. midd
18. sept. morg.
VITÖN
19. sept. e.m.
5. okt.
2. okt. midd.
LANDET
E N

Double page précédente :
Carte de l'itinéraire du ballon durant les trois jours de vol et la retraite d'Andree vers le sud.

Les vivres s'épuisent. Les relevés de position montrent que la caravane se trouve le 5 août quasiment à l'endroit même que le ballon survolait le 12 juillet.

Chaque jour, c'est une marche harassante d'une dizaine d'heures qui attend les hommes. En dépit des résultats décevants, ils continuent d'avancer. Le 13 août, une ourse et ses deux petits se présentent, mais ne semblent pas faire attention à eux. Cet approvisionnement étant nécessaire, Andree sert d'appât. Le piège fonctionne : la mère approche et, sous les balles des deux fusils, c'est la famille entière qui est tuée, soit quarante-deux kilos de morceaux choisis. La viande fraîche nourrit ces hommes qui en consomment chacun un kilo par jour. La progression s'effectue dans des conditions très difficiles : « Toujours des traversées dangereuses. Les traîneaux versent ou demeurent suspendus au-dessus de l'abîme. Alors le conducteur s'arc-boute, retenant son véhicule en risquant d'être éjecté. Il ne bouge plus, attendant le secours des deux autres. »[3]

Dans cette région, les ours abondent toujours et, le 21 août, trois autres s'écroulent sous les balles. Malheureusement, Andree et ses compagnons ne peuvent prélever qu'une part infime de nourriture. La langue, les rognons, la cervelle et des filets sont les morceaux préférés. À l'occasion, Fraenkel essaie une sorte de crêpe polaire constituée de farine d'avoine et de sang d'ours. Il imagine même un potage d'algues. Sur proposition d'Andree, et sans doute pour économiser le carburant, utile durant la nuit polaire, on tente de manger la chair crue. « Les rognons crus assaisonnés de sel ont le goût d'huître ; la cervelle crue est également très bonne. »[4] Bien que l'on ne souffre pas de la faim, les rations de vivres sont strictement mesurées. Andree tente d'attraper du poisson avec des lignes improvisées au bout desquelles il dispose des appâts provenant des ours tués, mais l'expérience est un échec. Pour l'heure, il ne faut compter qu'avec le « stock de viande circulante, à savoir les ours », comme le souligne Andree.

Andree et Fraenkel souffrent de fréquentes diarrhées. Fraenkel prend des comprimés de morphine et de l'opium pour tenir bon. Les vents et les courants contrarient la marche en cette fin août, et Andree calcule qu'en six jours ils n'auront parcouru que vingt kilomètres. Depuis quelques jours, le froid s'est accentué. Il fait – 5 °C à

– 6 °C désormais, et les hommes doivent se résoudre à porter la viande à même le corps, afin qu'elle ne gèle pas. Le 30 août, un nouvel ours approche du camp ; il donnera trente kilos de viande fraîche pour une quinzaine de jours. L'été polaire n'est plus. Dans quelque temps, la nuit totale viendra avec des températures toujours plus froides. En revanche, l'eau des chenaux gèle, et les explorateurs passent à présent les obstacles sur la nouvelle glace formée. Le moral redevient excellent quand Strindberg annonce, le 1er septembre, qu'ils sont au 81° 16' de latitude nord. C'est la forte dérive de la banquise due au vent de nord-ouest qui explique ce progrès. Parfois, on utilise le bateau démontable sur lequel on entasse le matériel, les traîneaux et les vivres. Progresser, lentement sans doute, mais libérés de la douleur provoquée par les cordes de traction, procure à ces hommes fourbus une impression de bien-être merveilleuse.

Le 4 septembre, on fête l'anniversaire de Strindberg. Par manque de chance, il tombe à l'eau, et on perd beaucoup de temps à le sécher. Andree décrit ainsi cette journée particulière :
« Je l'éveillai en lui remettant des lettres de sa fiancée et de ses proches. C'était touchant de voir sa joie. Étant donné l'importance de l'événement, nous avons droit à des menus soignés : déjeuner – bifteck d'ours et pain, potage aux petits pois, viande et graisse d'ours – ; dîner – rôti d'ours (gardé à l'abri sous notre gilet) – ; souper – viande d'ours, pain et pâté de foie gras, gâteau au jus de fruits. Boisson : jus de fruits et eau. Toast pour Nils. Chocolat lacté. Avec la chute du traîneau dans l'eau, c'est un véritable malheur qui s'ajoute aux mille tracasseries de la vie quotidienne. À grand-peine on récupère des débris de pain que l'on arrive à sécher ou à griller avec de la viande d'ours. Quant au sucre, c'est un sirop qu'on mêlera au café, et les biscuits en bouillie épaissiront le chocolat. Tout cela pourtant ne modifie pas notre humeur. Nous sommes très gais et très en train. » [5]
Le bateau est de moins en moins utile, car les leads gèlent la nuit :
« Les couches minces de glace récemment formée, poussées par les courants, se chevauchent comme les tuiles d'un toit ou des cartes à

[3,4 & 5] *Ibid.*

« Un voyage comme celui-ci ouvre l'esprit, aussi bien aux vastes entreprises qu'aux plus infimes détails : la Grande Nature et les petites recettes culinaires.
« Le 5 septembre, les trois hommes ne se mettent en route que dans la soirée, bien qu'ils se soient fixé un double horaire : diurne et nocturne.
Température – 4 °C. Vent faible d'ouest.
La glace est praticable, et les canaux sont resserrés par les vents du sud-ouest.
« La faune est plus riche. Un ours a passé près d'ici cette nuit. Une douzaine de mouettes des glaces s'ébattent près de la tente, perchées sur un glaçon. Fraenkel tire dans le tas et en tue trois d'un coup. Des guillemots et cinq ou six phoques barbotent dans la même mare. Après quatre heures de marche fatigante, la route est barrée par un canal très large, impossible à traverser. Je mets le bateau à l'eau et tente d'avancer à la rame. C'est une bonne idée, et nous atteignons la rive opposée où, sur une glace praticable, on peut terminer l'étape à 6 h 45.
La direction a été S. 60 ° ouest et S. 30 ° ouest.
« J'ai mesuré la glace immergée. Elle a une épaisseur de cinq mètres quatre-vingt-dix et émerge de cinquante centimètres au-dessus du niveau de l'eau. La cassure d'un bloc nous montre que la masse, d'apparence homogène, est en réalité

Double page précédente : **Rangement du bivouac sur la banquise. Chaque jour, il faut faire et défaire les traîneaux.**

jouer jetées sur une table. » [7] Le 7 septembre, ils ne parviennent à franchir qu'un kilomètre en cinq heures d'efforts exténuants. La viande d'ours vient maintenant à manquer, et les hommes en sont réduits à tirer des mouettes, dont ils jugent la chair excellente, bien que cela leur coûte en munitions.
Le 9 septembre, Fraenkel ne peut plus tirer son traîneau tant son pied gauche est douloureux. Tout juste parvient-il à aider ses compagnons qui doivent faire des portages. Le 12, ils subissent leur première tempête d'automne, des vents atteignant quatorze mètres par seconde, et de la neige qui les contraint à garder l'abri trois jours. Il devient urgent de construire une hutte d'hiver sur un floe suffisamment solide. On s'en remettra ensuite à la dérive de la banquise.
Le 15 septembre, Andree abat un phoque, qui donnera de la viande pour une vingtaine de jours. Désormais, les ours se font rares.
« Notre moral est assez bon, bien que nous n'ayons pas envie de rire ni de plaisanter tous les jours. » [8] Le 17 septembre, ils voient enfin une terre au loin ; c'est l'île Blanche. Ce n'est pas la destination qu'imaginait Andree. Cette île de roches et de glace est en fait un immense glacier libéré par endroits. Andree et ses compagnons vont tout faire pour la rejoindre et avoir enfin la terre ferme sous leurs pieds. Les jours suivants, on abat trois autres phoques et un morse,

formée de plusieurs couches superposées et soudées.
« Andree décrit le flack sur lequel est établi le camp : "Cent mètres de long sur soixante-quinze mètres de large et une épaisseur variant de quatre-vingt-quinze centimètres à deux mètres."
« Quand les trois compagnons s'éveillent, le 6 septembre, après un sommeil réparateur, les canaux sont gelés, et ils ont une peine inouïe à franchir les cinquante mètres qui les séparent d'un autre flack.
« Température – 6 °C. Le brouillard est léger, car Fraenkel note : "Ciel clair." Bientôt, l'éclaircie est complète.
« Après une brève traversée à la rame, le bateau s'immobilise dans une fondrière qui a au moins un mètre d'épaisseur et dont il est impossible de se dépêtrer. L'instant est critique, mais, sautant à terre (sic !), nous réussissons à traîner le bateau jusqu'à un flack voisin où nous faisons halte. » [6]

[6] Salomon Andree, Nils Strindberg, Knud Fraenkel, *En ballon vers le Pôle. Le drame de l'expédition Andree.* Avant-propos de Rabol, traduction Lund et Bernard, Plon, Paris, 1931.

de quoi tenir jusqu'à la fin février. Andree écrit même : « Je ne puis dire combien je me sens heureux. Les camarades eux-mêmes sont contents et semblent envisager l'avenir avec une ferme confiance. » [9] La construction de la hutte avance. C'est Strindberg qui s'en charge en fabriquant des murs faits de neige et d'eau douce qu'il laisse geler. « Le travail est solide et net », note Andree. Le 20 septembre, un ours est abattu. Le ravitaillement semble pourvu jusqu'à fin avril. Mais cette viande accumulée n'est pas sans attirer d'autres ours. Dans la nuit du 27, un gigantesque mâle est tué à deux pas du dépôt de nourriture. Le floe ne dérive plus ; l'île n'est qu'à quelques kilomètres. Début octobre, catastrophe : le floe sur lequel est construite la hutte se brise. « C'est un bouleversement complet, et de notre situation et de nos projets. La hutte et le floe ne peuvent plus nous servir d'asile. Nous devons pourtant y demeurer, tout au moins provisoirement. C'est assez téméraire d'essayer de rester dans la hutte cette nuit, mais qu'importe, nous sommes si las ! Tout notre bien – vivres et matériel – est épars et flotte sur différents glaçons. Notre principal souci est de tout réunir. Deux cadavres d'ours, de la viande pour

[7] Salomon Andree, *En ballon vers le Pôle*, d'après les notes et documents retrouvés à l'île Blanche, *op. cit.*
[8 & 9] *Ibid.*

plusieurs mois gisent sur un floe détaché. Le temps est heureusement si favorable que le travail s'exécute rapidement. Nous n'avons pas perdu courage. Avec des hommes de la trempe de mes camarades, on peut se tirer d'affaire dans n'importe quelle circonstance. »[10]
Quelques jours plus tard, les trois hommes atteignent l'île Blanche.

En septembre 1930, un équipage norvégien découvre les restes de l'expédition Andree. Trente-trois ans se sont écoulés. Que s'est-il passé ? Comment des hommes qui ont réussi à survivre plus de deux mois sur une banquise dérivante ont-ils disparu alors qu'ils disposaient de provisions, de réchauds (encore en état de marche trois décennies plus tard), de formidables réserves de bois flotté, de fusils, de cartouches, et qu'ils s'apprêtaient à construire une nouvelle hutte pour passer l'hiver ?

Ce qui rend le récit de l'expédition d'Andree poignant, c'est que les hommes de l'*Isbjorn* ont retrouvé intacts des carnets des explorateurs, ainsi que les plaques de photographie, qui ont été développées. Malheureusement, l'état de conservation des derniers écrits est très médiocre ; les carnets ont souffert de l'humidité. Une note de Strindberg fait encore état de la date du 17 octobre, puis plus rien. Curieuse expédition que cette campagne de chasse aux morses qui se transforma le 6 août 1930 en une chasse aux vestiges historiques ! Des hommes armés de pioches, de pelles et de piquets creusèrent et tentèrent de rassembler ces vestiges. On retrouva une tombe, celle de Strindberg. Il avait été inhumé à la mode arctique, recouvert de galets et de pierres. Le sol était si gelé que ses compagnons, à bout de forces, ne purent le creuser. Son crâne gisait quelques mètres plus loin… Sans doute l'œuvre d'un ours. Les traîneaux, la chaloupe, tout fut retrouvé. Mais ce sont les corps de Fraenkel et d'Andree, également décapités, qui firent la plus forte impression aux chasseurs norvégiens. Andree était couché sur la pente nue d'un rocher. Il fut probablement le dernier à mourir.

On ne saura jamais quand ni de quoi sont morts Andree et ses compagnons. Une fin d'autant plus surprenante, quand on sait que Nansen et Johansen ont survécu dans un environnement et des

10. *Ibid.*

conditions climatiques très semblables. En 1898, une expédition suédoise avait abordé l'île Blanche, sans relever aucun indice concernant les explorateurs.
L'examen du matériel laisse penser que l'équipement vestimentaire est responsable des décès, sans compter qu'aucun de ces hommes ne savaient confectionner de vêtements en fourrure. Les diarrhées fréquentes liées à la consommation de viande d'ours mal cuite auront également affaibli leur état de santé. Connaissant les raisons des échecs des expéditions précédentes, Andree n'en a pas moins sous-estimé les difficultés de son projet. Quand bien même il serait parvenu au Pôle, il fallait en revenir. On peut se demander par quels moyens... Et les données auraient été les mêmes !

PÔLE NORD

1908

FREDERICK COOK

CONQUÉRANT DU PÔLE NORD OU IMPOSTEUR ?

Médecin de formation, Frederick Cook fait ses premières armes en 1891 au cours de l'expédition au Groenland pour laquelle Robert Edwin Peary a réussi à collecter 10 000 dollars de fonds privés. La femme de Peary, Joséphine, en fera partie ; elle sera ainsi la première femme blanche à participer à une expédition polaire. Le 30 avril, après avoir passé l'hiver sur les côtes du Groenland, Peary part avec Eivend Astrup pour traverser une large partie du nord du Groenland en traîneau : trois mille deux cents kilomètres parcourus en quatre-vingt-cinq jours, un exploit remarquable en soi.

Le contrat de Cook stipule qu'il lui est interdit de faire la moindre communication sur l'étude ethno-anthropologique qu'il doit mener sur les Esquimaux sans le consentement du chef d'expédition. Homme d'un tempérament chaleureux, Cook se lie d'amitié avec les Esquimaux et découvre entre autres choses que, durant l'hiver polaire, les femmes présentent une aménorrhée.

Caricature de Cook et Peary.

À son retour aux États-Unis, il envisage l'écriture d'un ouvrage scientifique et demande à Peary la permission de le publier, mais il essuie un refus de ce dernier, qui n'admet aucun rival dans la narration de ses expéditions, même dans des publications très spécialisées.
Il ne le lui pardonnera pas et, à l'été 1893, lorsque Peary lui propose de se joindre à son deuxième voyage polaire comme commandant en second, il refuse tout net. Il a 27 ans à l'époque.
Fils d'émigrants allemands, Cook a dû travailler pour payer ses études. Il fait ses premières armes en s'engageant en 1897 à bord du *Belgica*, qui part en Antarctique à la conquête du pôle Sud sous les ordres du baron Adrien de Gerlache et aux côtés du Norvégien Roald Amundsen, qui louera plus tard les qualités humaines et professionnelles du médecin. Cook, en effet, a gardé l'équipage en bonne santé durant le premier hivernage.
Peary repart quant à lui pour le pôle Nord le 4 juillet 1898. Il se croit en compétition avec Otto Sverdrup, qui n'a pourtant d'autre but que d'explorer la terre Ellesmere et les îles du haut Arctique, mission qui durera quatre ans. Peary continue sa progression malgré l'hiver. Dans le noir absolu, par – 60 °C, ses pieds gèlent, et il doit renoncer. On l'ampute de huit orteils ; seuls les petits orteils seront sauvés. Il n'a que 42 ans.
Cook accepte de repartir au Groenland l'année suivante, à la demande du Peary Arctic Club, puissante organisation comptant de nombreux présidents de grandes sociétés. Ceux-ci soutiennent financièrement les explorateurs, qui leur apportent ce que l'argent ne peut leur offrir : l'immortalité. Leurs noms figureront sur les cartes polaires à l'occasion de la découverte de terres ou de caps. Le médecin examine Peary et diagnostique un état anémique si inquiétant qu'il lui demande de revenir avec le navire. Mais celui-ci n'en fera rien, tant il est obsédé par la conquête du Pôle.
En 1907, Cook repart dans le nord-ouest du Groenland avec son ami et mécène John R. Bradley. Ensemble, ils hivernent à Anoatoq en compagnie d'une tribu esquimaude. Après l'été, Bradley rentre aux États-Unis, tandis que Cook prépare une expédition au pôle Nord, qui part le 19 février 1908, comptant le garçon de cabine de Bradley, Rudolph Franke, et dix Esquimaux. Cent trois chiens tirent les onze traîneaux.

Lorsque Peary apprend ce départ, il éprouve une forte colère et prétend que Cook lui vole sa route vers le Pôle, celle qu'il a explorée pendant vingt ans. Il décide de partir au plus vite, mais subit un grave revers. Son principal soutien financier, J.-P. Jesup, vient de mourir, et son dernier livre s'est mal vendu. Quand il trouve enfin des financements, il a un an de retard sur son concurrent.

Les traîneaux menés par Cook traversent le détroit de Smith, puis Ellesmere à hauteur de la péninsule de Bache jusqu'au détroit de l'Eureka, où la banquise de première année favorise une progression rapide jusqu'au nord de la terre Axel Heiberg. À Svartevœg, au pied d'une montagne noire, une colossale falaise que l'on repère à plusieurs kilomètres à la ronde, il laisse un dépôt de vivres très important en vue du retour du Pôle. Depuis quelques jours, Cook a pour seuls compagnons Etukishook, Ahwelahtea et vingt-six chiens ; Franke et les sept autres Esquimaux sont repartis au Groenland.

En route vers le pôle Nord, dans la région d'Axel Heiberg.

Premier camp
au Pôle,
le 21 avril 1908.

Installation
du bivouac
et fabrication
quotidienne
de l'igloo.

Il reste près de huit cent cinquante kilomètres à parcourir avant de planter la bannière étoilée au pôle Nord. Aidés par une banquise praticable, les trois hommes établissent des moyennes extraordinaires. Partis vers le pôle de Svartevoeg le 18 mars, avec quelque cinq cents kilos de nourriture, ils sont déjà à hauteur du 84° 47' nord le 30 mars et au niveau du 86° 36' le 8 avril. Mais les températures, de nouveau extrêmes, ralentissent la progression. Les jeunes Esquimaux sont inquiets à l'idée de s'aventurer si loin sur la banquise. Mais Cook entretient leur moral en leur faisant prendre les nuages bas pour la terre ferme, et des mirages arctiques providentiels leur font croire que la terre n'est pas hors de vue. Le 88° est atteint le 14 avril. Une semaine plus tard, Cook calcule au sextant qu'il est parvenu au pôle Nord géographique. Quelle que soit l'heure de la journée, l'ombre est d'égale longueur, et la lumière à midi est la même qu'à minuit. Cook décrit même une teinte violette uniforme propre aux très hautes latitudes arctiques.

Le voilà vainqueur du Pôle ! Mettant à profit ce moment historique, il se livre à quelques observations et reste environ quarante-huit heures sur place avant de repartir.

« Nous avions atteint notre objectif, et mon soulagement était inexprimable. Nous avions remporté une course dans laquelle s'étaient engagées plusieurs nations. En attachant la bannière étoilée à l'un des montants de la tente, j'affirmai la réussite de quatre-vingt-dix millions d'Américains qui juraient fidélité à ce drapeau. À la vue du pignon blanc et cramoisi, j'étais empli d'un orgueil qu'aucun autre concurrent ne me disputa jamais. Je n'en oubliai pas pour autant le travail quotidien, plus que jamais nécessaire. Nous avions atteint notre objectif ; il était urgent de mener à bien l'ensemble des observations scientifiques, avec tout le soin et la rapidité possibles. Pour ce faire, je me mis immédiatement à l'œuvre, alors que mes compagnons déchargeaient les traîneaux et commençaient de construire un igloo. » [1]

[1] Frederick Cook, *My Attainment of the Pole*, Mitchell and Kennerley, New York, 1913.

Le chemin du retour va être semé d'embûches. Cook est emporté par la dérive de la banquise vers l'ouest. C'est une catastrophe, car il va manquer le dépôt de vivres de Svartevoeg. Plongés dans le brouillard, Cook et ses compagnons ne savent plus se diriger. La seule solution est de marcher plein sud à la boussole. Outre ce manque de repères, les vivres font défaut dans une région où le gibier est rare. Vivant sur des demi-rations, hommes et chiens s'affaiblissent chaque jour davantage. Mi-juin, l'équipe aborde Ringnes Island, et l'espoir renaît sous les traits d'un petit oiseau migrateur, annonciateur du printemps.

Retour à la vie

« C'était un oiseau, un bruant des neiges qui perlait ses trilles éthérés ; la première fois que la vie se faisait entendre depuis des mois.
« Nous avions retrouvé la vie ! Des larmes de joie inondaient nos visages émaciés. Le chant de cet oiseau merveilleux nous apporta un sentiment suffoquant de nostalgie.
« Nous ne dîmes pas un mot.
« Le mal du pays nous serra le cœur.
« Nous avions faim, mais l'idée de tuer cette petite créature à plumes ne nous traversa pas l'esprit. Elle paraissait aussi divine que l'oiseau qui vint jadis trouver Noé dans l'Arche.
« Ayant rassemblé quelques-unes de nos dernières miettes de pain, nous allâmes lui offrir de la nourriture. Cette petite chose gazouillante dansa joyeusement sur la neige craquante, de toute évidence aussi heureuse de nous voir que nous l'étions de la contempler. Je l'observai, fasciné.
« Nous sacrifiâmes sur l'autel de la malchance un chien blessé que nos soins n'étaient pas parvenus

Peu de temps après, au niveau du détroit de Hassel, ils abattent un ours et quelques oiseaux. Leurs forces revenues, les trois hommes reprennent hardiment leur route vers le sud. Avec l'assurance de pouvoir compter sur les produits de la chasse, Cook envisage le 19 juin de piquer vers le sud à travers le canal de Wellington, vers le détroit de Lancaster, en espérant trouver un baleinier qui pourra les rapatrier.

De retour sur terre et à la vie, réveillés par l'arrivée d'un petit oiseau.

à guérir ; par conséquent, nous eûmes, ainsi que nos chiens, une nourriture abondante.
« La viande ne nous parut pas déplaisante, mais ce chien avait été l'un de nos compagnons pendant des mois et, alors que nos estomacs réclamaient davantage de cette chair saignante et chaude, j'éprouvai un frisson de culpabilité. Nous avions tué, nous mangions une créature vivante qui avait été un fidèle compagnon.
« À cette époque-là, nous faisions peine à voir. Nos vêtements de fourrure étaient usés, des trous apparaissaient aux manches et aux genoux, des lambeaux se balançaient au vent. Les semelles de nos chaussures n'étaient plus que de simples pellicules, aussi fines que du papier et pleines de trous, nos bas étaient en loques.
« Nous avions donné à manger aux chiens nos chemises ainsi que des bandelettes arrachées à nos sacs de couchage. Tout notre temps libre était alors consacré au raccommodage des vêtements. En haillons, nos visages répugnants, brunis et sillonnés de gerçures dues au vent, nous avions atteint, du point de vue de l'apparence, l'extrême limite de la déchéance. » [2]

2. *Ibid.*

À l'ouest de North Cornwall Island, le groupe est de nouveau pris dans un brouillard persistant. Grâce à la dérive de la banquise, les trois explorateurs sont entraînés dans le détroit de Penny entre la péninsule de Grinnell et Bathurst Island. Les courants sont si forts que la glace forme une gangue tout le long des côtes, et traverser ces amas gigantesques est impossible. Cook et ses compagnons adoptent une route relativement médiane jusqu'à Dundas Island où la dérive cesse enfin. Ils se rapprochent des côtes Grinnell. La glace n'y est pas meilleure, mais les conditions de chasse s'améliorent chaque jour.

C'est l'été arctique, grisant. Le vent s'est calmé, et il fait une chaleur inhabituelle. Partout sur les coteaux, des saxifrages violets et des épilobes roses s'épanouissent sur des mousses vertes. Un loup blanc hurle quelquefois au loin, on repère de nombreuses empreintes de renards et de lemmings, et l'on entend les vagissements des bélougas et des phoques. Les canards volent dans toutes les directions. La vie est de retour, et avec elle l'espoir qui envahit le groupe. Les hommes tuent trois caribous de Peary, la plus petite variété de l'espèce, mais, sur cette glace, la traction est difficile, et l'on ne peut emporter, hélas, toute la viande désirée. Ainsi approvisionné, le groupe fait cap vers la baie de Pioneer au sud de la péninsule de Grinnell.

« Les glaces commandent », dit un proverbe esquimau. S'aventurer davantage sur une banquise aussi fine serait dangereux, et Cook doit faire un choix. Si le détroit de Lancaster n'est plus si éloigné à vol d'oiseau, le voyage par Devon Island s'annonce impraticable. Faut-il alors attendre la débâcle ? Impossible également : ils n'auraient pas suffisamment de vivres, car la faune s'est raréfiée, et les dernières rations de caribou sont à présent épuisées. Restent les oiseaux de mer, les oies et les canards, mais les chasser coûte énormément de cartouches, et il devient nécessaire de les économiser. À défaut de solution idéale, on prend la moins risquée : Cook et ses compagnons coupent à travers Devon Island afin de rejoindre le détroit de Jones qu'Otto Sverdrup décrivait déjà comme giboyeux quand il l'explora entre 1900 et 1902. On espère aussi qu'un baleinier se présentera dans les parages…

Bien que le mois de juillet soit entamé, les trois hommes harassés par l'escalade des hauts plateaux sont pris dans une tempête de neige. Ils restent terrés sous leur tente, sans fuel et la faim au ventre. Le lendemain, le temps s'est levé et ils ont la satisfaction de tirer leur traîneau sur une couche neigeuse qui recouvre un terrain rocheux. Parvenus au bord du détroit, nouvelle désillusion : aucun morse à l'horizon, pas de phoque, et encore moins de bœuf musqué. Seuls quelques canards sont abattus par les chasseurs affamés. Sombres perspectives.

« Voici à présent l'incident le plus triste d'une longue période de difficultés. L'eau libre s'étendait à perte de vue, nos traîneaux étaient inutilisables, le gibier se faisait rare, et nos munitions étaient presque épuisées. Tous nos espoirs reposaient dans un bateau de toile. Que ferions-nous des fidèles chiens qui avaient survécu ? Il n'y avait pas de place pour eux à bord de la petite embarcation, il fallait les abandonner ou mourir avec eux ; d'ailleurs, nous avions déjà rendu leur liberté à deux d'entre eux. Nous libérâmes les autres, coupâmes en deux notre traîneau afin qu'il puisse entrer dans le bateau que nous avions transporté tout au long du trajet jusqu'au Pôle et au retour. Nous donnâmes à manger aux chiens nos sacs de couchage et nos vêtements d'hiver usés. Tout le reste fut soigneusement mis dans des paquets étanches, que nous disposâmes dans le bateau. Tristes, nous quittâmes le rivage ; nos chiens hurlaient comme des enfants, et nous les entendions encore quand plus de quatre milles marins nous séparaient d'eux. » [3]

3. *Ibid.*

Navigation sur le petit canot dans le Jones Sound, au nord de Devon Island.

Cook décide de rallier le cap Sparbo avec le canoë. C'est un pari insensé, mais que faire d'autre ? Il s'agit d'une très grande traversée de plus de cent quarante-cinq milles. On campe sur des *floes*, on se contente de prendre une boîte comme oreiller, une peau d'ours comme couverture, et on dort dans le bateau.

Le coup de vent redouté s'abat alors sur les infortunés, qui n'ont d'autre solution que de chercher un floe solide pour s'y arrimer et dériver. La chance leur sourit. Ils aperçoivent un énorme iceberg venant de l'est, qui se dirige lentement vers l'ouest, tel un paquebot. Cook et ses deux compagnons savent que c'est leur seule chance d'échapper au naufrage. Ils réunissent leurs forces pour se porter à la rencontre de cette montagne de glace, qui laisse un sillage d'eau libre sur son passage. Avec l'énergie du désespoir, ils se lancent dans cette zone d'eau libre providentielle et rejoignent l'iceberg.

On peut imaginer le soulagement de ces hommes qui dérivent en toute sécurité au milieu du détroit de Jones. Ils savent que l'iceberg se dirige vers les Portes de l'Enfer (*Hellgate*) et ses courants diaboliques, mais qu'importe : pour l'heure, ils sont vivants. Même s'ils ont perdu en une journée le bénéfice de deux semaines de navigation, les conquérants du pôle Nord comprennent qu'ils ont aussi échappé à une mort certaine.

La tempête s'apaise. Bientôt l'iceberg s'immobilise, bloqué par un verrou de glace. Cook et les deux Esquimaux chassent çà et là des oiseaux de mer, leur seul moyen de subsistance, et cherchent à regagner le cap Vera qu'ils estiment à une vingtaine de kilomètres. Par bonheur, il y a de l'eau libre dans cette direction, et les trois hommes s'emploient à pagayer comme des forcenés, puis passent encore et encore les obstacles. Si près du but, nouveau drame : le bateau est harponné par une arête de glace vive. Un large trou déchire la coque ; dans quelques minutes, il va sombrer. Un floe est immédiatement abordé, et on sacrifie une chaussure pour réparer la fissure. Un vent de terre se lève en fin de journée, tandis que le soleil se couche sur les Portes de l'Enfer. Dans un ultime effort, les trois hommes, bravant la mer et les vents contraires, réussissent enfin à accoster au cap Vera.

Là, ce ne sont que rochers enrobés de rares lichens. Pas de gibier ni d'abri, mais ils éprouvent une immense joie à toucher la terre ferme. Au matin, un lièvre est abattu. De la mousse, du saule nain sec... Il n'en faut pas plus pour démarrer un feu et faire cuire la bête ainsi que deux canards eiders attrapés au lasso.

C'est bientôt le moment de repartir et de tirer de nouveau le traîneau le long d'imposantes falaises de granite. Des mouettes et des guillemots sont tués en route et mangés crus ; les hommes guettent un gros gibier. Jour après jour, ils améliorent leur technique de progression sur ce terrain où alternent eau libre et plaques de glace. Le *ferrying*, comme ils l'appellent, consiste à utiliser le petit bateau pour franchir les zones d'eau. Dans ces conditions particulières, ils progressent d'une dizaine de milles par jour.

Début août, ils atteignent la fin de la glace de terre, à une quarantaine de kilomètres à l'est du cap Sparbo. Le *watersky*, le ciel noir qui reflète les eaux libres, laisse imaginer qu'il y en a. Les hommes campent sur un îlot et retrouvent de nombreux vestiges d'un village esquimau : des pièges à renard, des caches à vivres en pierre, des traces circulaires indiquant l'emplacement des tentes. Des empreintes de bœufs musqués, de lagopèdes et de lièvres sont visibles, mais aucun de ces animaux ne se montre.

Au moment de repartir, un gros phoque est abattu. Ce n'est pas seulement de la nourriture qui s'offre, mais aussi la possibilité de fabriquer des lignes de harpon pour chasser et, avec des morceaux de peau, les trois hommes réparent les chaussures trouées. Une fois encore, c'est à regret que Cook et ses compagnons abandonnent une grande quantité de viande, mais le canoë est déjà lourdement chargé. La prudence impose de faire un dépôt de nourriture en cas de nécessité ou de retraite forcée.

Le lendemain, l'embarcation reprend sa route dans une mer houleuse. C'est alors qu'un morse vient planter sa défense dans l'enveloppe en caoutchouc du canoë. Etukishook colmate le trou comme il peut, tandis que les deux autres pagaient avec force jusqu'à un floe où ils mettent le canot en sécurité. Il était temps d'arriver, car le fond du bateau était déjà en eau. La brèche est une fois encore réparée grâce à une chaussure.

Un fort courant fait dériver le floe vers le large, mais le vent est l'allié des trois hommes qui, en pagayant de toutes leurs forces et en écopant régulièrement, rejoignent la *land ice*, glace restée collée à la terre, qui ne dérive pas, mais peut se rompre à tout moment. Il faut faire étape, et les hommes, accablés par l'anxiété, ne dorment que par intermittence. Avec le changement de marée, un très fort vent d'ouest déchaîne la mer qui achève de briser la liaison existant entre la terre et l'immense plaque. Cook comprend qu'ils dérivent à nouveau. La glace se fragmente en passant sur les hauts-fonds ; on peut désormais utiliser le canoë dans les chenaux nouvellement formés. Dès qu'ils se referment, le canoë est tiré jusqu'à ce que de nouveaux chenaux se libèrent.

Une fois de plus, l'effort paie et, après huit kilomètres de progression difficile, Cook et ses compagnons campent enfin sur une plage de graviers à l'embouchure d'une des rivières de Devon Island. Ils y passent deux jours en attendant que la tempête cesse. Pour se nourrir, ils peuvent compter sur les nombreux canards qui s'ébattent dans les mares d'eau libre.

Ils longent ensuite la côte libre de glaces, mais affrontent de nouveau une mer difficile au niveau de la baie Braebugten. Après une demi-journée de progression, ils s'arrêtent. Les deux Esquimaux aperçoivent alors au loin un troupeau de bœufs musqués qu'ils prennent immédiatement en chasse. Cook les attend près de l'embarcation. Il fait beau, et l'air est si limpide qu'il semblerait que

Chasse aux bœufs musqués au cap Sparbo.

les falaises de Devon Island, pourtant distantes de vingt-cinq kilomètres, sont toutes proches. Après avoir failli perdre la vie tant de fois et surmonté des obstacles sans nombre, l'explorateur américain apprécie ces instants, quand la nature est douce. Il suit la progression de ses compagnons aux jumelles, mais un point bleu retient vite son attention. Un ours ! Un ours se dirige droit vers lui. Cook n'a ni chien ni fusil. Devra-t-il se défendre au couteau ? Il choisit de bluffer, laisse approcher l'animal et le bombarde de projectiles avant de faire glisser vers lui le traîneau. Il le poursuit ensuite en hurlant et en faisant le plus de bruit possible. Ses deux compagnons, qui avaient pris des rochers pour des bœufs musqués, reviennent à temps pour chasser l'ours à la lance. L'animal réussit à s'enfuir, mais il ne survivra pas à ses blessures et son cadavre sera retrouvé un mois après.

Encore quelques jours d'une progression lente avant de comprendre combien il est risqué de se diriger vers l'est. L'automne est bientôt là, avec ses coups de vent incessants. Le nord de Devon Island n'offrant ni abri ni territoire de chasse pour passer l'hiver, les hommes reviennent vers le cap Sparbo, au milieu de vastes plaines arctiques où ils chassent le bœuf musqué. Ils comptent retrouver la carcasse du phoque dissimulée sous un tas de pierres.

« Au début de septembre, nous atteignîmes le cap Sparbo, à l'entrée du détroit de Jones. Nous avions déjà libéré nos chiens. Toutes nos munitions étaient épuisées, à l'exception de quatre cartouches que je réservais pour les cas d'extrême urgence. Ne nous restait qu'une moitié de traîneau, le bateau de toile, une tente en soie pleine d'accrocs, quelques allumettes, des assiettes en étain, des bouilloires et des couteaux. Déchirés, nos vêtements partaient en lambeaux.

« Le cap Sparbo et ses immenses parois de granite étaient sous le vent. Nous remarquâmes une petite baie calme, depuis laquelle nous pourrions gagner la terre sans trop lutter contre le courant. Quelques touffes d'herbe dominaient les rochers, et nous espérions y entreposer notre bateau ; nous comptions y disposer nos manteaux de fourrure de manière à nous assurer un abri contre le vent glacial.

« En abordant, nous découvrîmes les ruines d'un ancien village esquimau. En partie sous l'eau, une rangée d'igloos anciens prouvait l'ancienneté de l'occupation, puisque depuis le départ des Esquimaux l'eau avait dû monter de plus de quatre mètres. On voyait au-delà d'autres ruines. Nous ne tardâmes pas à chercher un endroit propice et accueillant, à l'abri du vent et du froid,

où construire plus tard un abri. Nous trouvâmes une caverne en partie creusée dans la terre et au-dessus de laquelle, à l'aide de pierres et d'ossements, on avait construit un toit effondré.
« Un long hiver se préparait, nous nous trouvions à près de cinq cents kilomètres d'Anoatoq, et l'approche de la nuit polaire nous forçait à faire halte. Trouver de la nourriture et d'autres vêtements devenait crucial. Nous surprîmes alors des bœufs musqués et nous nous efforçâmes de les abattre à l'aide de lourdes pierres, d'arcs et de flèches tirés du bois de notre traîneau. Leur poursuite continua sans succès durant plusieurs jours et, sans les canards abattus au moyen de collets et de lance-pierres, nous serions morts de faim.
« Alors que nous dégagions les rochers et nettoyions les abords de notre caverne aux allures de donjon, je fus soudain horrifié quand, retirant des débris, je découvris un crâne humain aux orbites enfoncées qui semblait me fixer. Le message de mort ainsi délivré était déplaisant, c'était de mauvais augure. Pourtant, que des humains aient construit un abri et même une tombe dans ce lieu à l'abandon me causa un indiscutable et sympathique frisson. » [4]

4. *Ibid.*

Grâce au génie esquimau, des lances, des arcs et des flèches sont fabriqués avec des matériaux de fortune : clous, languettes de bois ou rivets pris sur le traîneau, os et cornes de bœufs musqués ramassés sur la plage, ou encore tendons et morceaux de peau prélevés sur les carcasses de phoque et de morse. Cook sait que sitôt l'abri d'hiver trouvé, il devra vivre comme les Esquimaux, s'éclairer à la lampe à huile et chasser à l'arme blanche.

En attendant, ils réussissent à tuer un morse après quinze heures d'une lutte acharnée. Harponné, l'animal est prisonnier, et les hommes le tuent à coups de lance et de piolet. Pesant environ mille cinq cents kilos, la prise est découpée en morceaux aisés à transporter. Grâce à l'huile de morse et à la mousse sèche, un feu prend entre deux rochers, et les hommes s'offrent un repas pantagruélique, suivi d'un sommeil réparateur. Le reste de la viande est soigneusement caché. Au réveil, ils surprennent pourtant un ours astucieux qui s'empare d'un quartier réservé pour le petit déjeuner. Ils ne peuvent l'en empêcher. Inquiets, ils inspectent la cache préparée la veille : deux ours ont creusé jusqu'aux réserves et emporté un butin. Cook et ses compagnons sont effondrés, leur cache a été entièrement pillée durant la nuit ; il ne reste plus rien !

Cook est plein d'admiration pour l'habileté de ses compagnons, notamment pour la réparation des traîneaux et la fabrication des outils et des armes. L'intelligence des Esquimaux s'est développée au cours des millénaires pour résoudre les problèmes que pose la survie du groupe dans l'un des milieux les plus hostiles de la planète. Les arcs étant sans effet sur les bœufs musqués, les compagnons de Cook utilisent des lassos qu'ils jettent autour du cou ou des cornes de leurs proies. On accule d'abord celle-ci près d'un rocher auquel on a attaché le lasso. Ne pouvant fuir, l'animal est transpercé à coups de lance. C'est ainsi que des bœufs musqués sont abattus avant l'hiver. On constitue des réserves dans des cavités souterraines : viande, graisse pour s'éclairer, et peaux pour les sacs de couchage et les couvertures. Attirés par la viande et la graisse, les ours affamés représentent un danger permanent et doivent donc être constamment surveillés.

Dans leur abri de pierre, ces hommes vivent comme les chasseurs esquimaux il y a quatre mille ans. À l'intérieur, une petite lampe,

« Les ours nous barraient la route à tout bout de champ. Nous n'étions pas autorisés à dépasser une enceinte distante de cent pieds du trou de notre tanière. Pas un seul pouce de terrain, ni une miette de nourriture qui nous fussent accordés sans conflit. C'était une lutte de la nature contre la nature. Soit nous voyions réellement les petites narines fuligineuses d'où montait une haleine hargneuse, et la silhouette énorme d'un fauve prêt à bondir sur nous, soit nous l'imaginions. Sans moyen de défense adapté, nous étions acculés dans les murs de notre propre tanière.

« Lorsque nous étions à l'intérieur, notre situation nous mettait encore plus au supplice. Les ours voleurs creusaient dans les neiges accumulées sur nos têtes et s'emparaient des pièces de graisse de baleine au sabord, sous nos yeux, sans avoir de sentiment de culpabilité. De temps à autre, nous faisions une sortie pour jeter une lance, mais à chaque fois l'ours bondissait vers l'entrée et aurait pénétré si l'ouverture avait été assez grande. À d'autres moments, nous décochions des flèches par le regard. À nouveau, une tête d'ours passait brusquement par la fenêtre couverte de suie près du toit, nous permettant d'enfoncer des couteaux à faible distance et avec un bon éclairage, ce qui donnait un sentiment de douce vengeance.

« En dernier recours, on perça un trou dans le toit de la tanière. Quand on entendait un ours, on faisait passer une longue torche par le trou. Sur des arpents à la ronde, la neige était alors subitement illuminée d'une blancheur fantomatique qui nous faisait presque peur. Mais l'ours, lui, profitait de la lumière pour s'emparer d'un morceau de graisse de baleine plus important, dont dépendait notre survie ; d'un air conquérant, il se mettait là où la lumière était la plus vive, en général à quelques mètres de notre trou de regard, là où nous pouvions presque toucher sa peau haïssable. Sans munitions, nous étions impuissants. »[5]

[5] *Ibid.*

qui éclaire à peine et fume beaucoup en répandant une odeur à laquelle Cook a fini par s'habituer, réconforte les esprits. Quand arrive février, les premières lueurs du soleil sont accueillies avec un immense soulagement. Cook et ses compagnons vont reprendre leur longue marche vers le nord du Groenland. Ils se doutent que le voyage sera long et difficile, que les températures seront glaciales et les territoires traversés très pauvres en gibier. Ils emportent un mois de vivres, leur petit traîneau ne leur permettant pas davantage. Il leur faudra chasser. Cook décrit des conditions de progression bien pires que celles rencontrées sur le chemin du Pôle. Des compressions de banquise colossales alternent avec de grands champs de neige profonde dans lesquels les hommes s'épuisent.

Retour dramatique du cap Sparbo (Canada) vers Anoatoq (Groenland)

« Au bout de trente-cinq jours presque sans répit, nous parvînmes à atteindre le cap Faraday (baie de Goding), au sud du cap Sabine et du cap Isabella. Nos provisions étaient épuisées. Nous étions face au problème le plus terrible que nous eussions rencontré au cours de notre longue période de malchance. La famine nous guettait. Nous étions loin des lieux fréquentés par le gibier ; nous n'avions rien vu de vivant depuis un mois. Pas une fibre de notre corps qui ne frémît de faim ou de froid.

« De désespoir, nous mangions des bouts de cuir et mâchions des courroies. Une demi-bougie et trois tasses d'eau chaude faisaient plusieurs repas. On fit bouillir une pièce de cuir de morse coriace, et on la consomma avec délectation. En essayant de la mastiquer, je me cassai quelques dents. C'était une rude épreuve pour la dentition, mais cela ne fatiguait en rien l'estomac et présentait l'avantage considérable de calmer durablement les tiraillements provoqués par la faim. Seulement, une fois cette pièce utilisée, il ne nous resta que quelques longueurs de courroies.

« Nous étions contraints de suivre un itinéraire détourné : cent milles nous séparaient du cap Sabine, et la distance jusqu'au Groenland pouvait, lorsque la mer était libre, aller jusqu'à deux cents milles. Il nous faudrait au moins un mois pour venir à bout des difficultés inconnues qui nous attendaient là. Au désespoir, je me demandai où nous trouverions de quoi subsister ces trente prochains jours. » [6]

6. *Ibid.*

Le 20 mars, découvrant des traces fraîches d'ours polaire, ils décident de fabriquer un igloo et de déposer une peau de phoque susceptible de l'attirer. Cook n'a conservé que quatre balles, qu'il réserve en cas d'événement très grave : défense, suicide ou, peut-être, pour ne pas être dévoré par ses compagnons. Le piège fonctionne : tandis que l'ours s'approche de la peau, on l'attrape au lasso, puis Ahwelahtea l'abat d'un coup de fusil à bout portant. Voilà de la nourriture et du combustible assurés pour un mois, de quoi atteindre le cap Sabine, où le père d'Etukishook a déposé des vivres à leur attention. Ils y trouvent en effet un vieux phoque et un sac de sel. Ce sel dont ils ont été privés depuis un an, et qu'ils dégustent avec un rare plaisir.

Les trois hommes comprennent qu'ils sont en passe de réussir là où Greely et ses compagnons avaient échoué : rejoindre les villages esquimaux du Groenland. Mais les eaux libres leur barrant la route, les voilà obligés d'effectuer un crochet d'une centaine de kilomètres vers le nord avant d'arriver à Anoatoq, objectif final d'un périple de plus d'un an.

Alors, pourquoi cette polémique à propos de Cook et de sa conquête ? L'histoire de cette réussite, cet exploit fantastique qui le fait entrer avec ses compagnons dans la légende, fut gâchée par une maladresse. De façon incompréhensible, Cook commet l'erreur de confier ses notes et ses observations à un tiers, un certain Harry Whitney, venu dans l'Arctique pour chasser, et qui n'a pas conscience de l'importance de ces documents. Dans les annales de l'exploration, cette décision est sans précédent. C'est à Whitney que Cook annonce qu'il a atteint le pôle Nord, avant de s'évanouir de fatigue. Il lui a demandé de n'en rien dire, car il veut l'annoncer lui-même au monde. À peine rétabli, il quitte Etah la troisième semaine d'avril tant il a hâte de retrouver la civilisation. Il est le premier homme blanc à avoir passé quatorze mois d'affilée dans l'Arctique nord en compagnie d'Esquimaux.

Sauvés de la faim… Chasse fructueuse grâce à l'une des dernières cartouches.

Quand Peary revient de son expédition au pôle Nord et embarque avec ses hommes à bord du *Roosevelt* pour rentrer aux États-Unis, il défend à Whitney de monter à bord la malle de Cook. Peary ne veut prendre aucune responsabilité au cas où les documents se perdraient ou s'abîmeraient. On peut penser aussi qu'il n'a nullement l'intention de rendre ce service à son rival de toujours. Whitney cachera donc la malle dans des éboulis rocheux…

Cook jure avoir atteint le Pôle. Peary, qui l'atteint preuves à l'appui l'année suivante, crie au mensonge et se désigne comme seul vainqueur. La presse se fait l'écho de ce beau gâchis. Les doutes concernant Cook s'amplifient au fil des semaines. Des spécialistes analysent ses déclarations concernant les distances parcourues, le poids des traîneaux, la nourriture consommée ou encore les horaires… On relève de nombreuses erreurs, des contradictions, des invraisemblances.
Le scepticisme est à son comble quand on apprend qu'il aurait simulé sa victoire au mont Mc Kinley. C'est « Big Ed » Barrill, alors son guide, qui l'avoue sous la foi du serment. On prouvera par la suite que la photo prise au sommet a été retouchée. Plus grave encore : ses détracteurs pointent du doigt la photo prise au pôle Nord, où l'on voit les hommes habillés en fourrure de bœuf musqué… Il ne semble pas que Cook fût équipé de la sorte lors de la conquête du Pôle. Ces bœufs musqués n'ont-ils pas été plutôt chassés au cap Sparbo ?
En 1911, après de multiples enquêtes et auditions, l'Arctic Club et l'Explorer's Club de New York excluent Cook. Le héros du Pôle est devenu un paria, car si l'on a retrouvé la malle avec ses instruments de mesure, elle ne contenait ni journal ni compte rendu. L'Esquimau Etukishook qui l'a découverte dans les éboulis est formel. Les divers comités scientifiques nommés pour trancher cette délicate question statuent qu'en l'absence formelle de preuves, on ne peut considérer Cook comme découvreur du pôle Nord, mais qu'il ne faut pas écarter l'hypothèse qu'il a pu y parvenir… Celui-ci intente des procès à ceux qui l'accusent d'avoir menti ; il les perd tous. Il meurt en 1940, et son dernier ouvrage, *Retour du Pôle*, sera publié après sa mort. Récit qui demeure l'un des plus fascinants de la conquête de l'Arctique.
Peary n'est pas non plus sorti grandi de cette histoire. A-t-il lui aussi atteint le pôle Nord ? Rien n'est moins sûr. On s'étonnera

surtout de constater qu'accompagné d'explorateurs blancs à même de vérifier les observations astronomiques, et donc la latitude, Peary couvre des distances raisonnables. Dès qu'il renvoie, presque inexplicablement, ses partenaires américains – sans doute pour être le seul Blanc à avoir atteint le pôle Nord –, les distances quotidiennes parcourues à traîneau s'envolent. La banquise devenant miraculeusement plane. On ne saura jamais si Peary, qui s'est approché du pôle Nord, l'a bel et bien atteint…

1909

EJNAR
LE PLUS ATTACHANT DES EXPLORATEURS
MIKKELSEN

Le campement de Jakobsen, Mikkelsen et Nielsen, le 29 août 1900.

En 1896, le jeune Danois Ejnar Mikkelsen a 16 ans. Il se rend à Göteborg dans l'espoir d'être reçu par Salomon Andree, dont le projet de gagner en ballon le Pôle fait beaucoup de bruit dans la communauté des explorateurs polaires et des scientifiques. Le jeune homme déteste l'école. Il est monté à bord de son premier bateau à 13 ans, afin d'apprendre la navigation. Depuis, il rêve d'expéditions lointaines.

Le jour de l'entrevue, Mikkelsen aspire par-dessus tout à découvrir les régions polaires. Andree se montre très affable, mais lui dit qu'il ne s'agit pas d'un jeu d'enfant et que c'est peut-être la mort qui l'attend, car beaucoup de spécialistes considèrent que son expédition en ballon est vouée à l'échec. Dans un geste paternel, Andree offre de payer le voyage de retour au jeune apprenti explorateur dont les illusions se sont envolées. Il n'ira jamais au Pôle en ballon.

À la fin du XIXᵉ siècle, le peuple danois observe avec intérêt, voire avec un soupçon de jalousie, les réussites et les tentatives de ses proches

voisins norvégiens et suédois. Pourquoi le Danemark n'entrerait-il pas lui aussi dans la course au Pôle ? C'est en tout cas ce que pense le jeune Ejnar qui, un an après sa rencontre avec Andree, s'adresse à une figure illustre de l'exploration norvégienne : Otto Sverdrup, commandant du *Fram* qui s'est approché du pôle Nord et a séjourné trois hivers successifs dans la banquise de la mer de Barents, au nord de la Sibérie. Sverdrup prépare un voyage prestigieux en terre Ellesmere, auquel Mikkelsen brûle de se joindre. Mais l'accueil qui lui est réservé est bien moins chaleureux que celui d'Andree. « Non, je te dis non, les expéditions ne sont pas pour les enfants. J'ai du travail, il faut que tu me laisses » [1], et Sverdrup lui ferme presque la porte au nez.

Ejnar Mikkelsen à bord de l'*Antarctica*.

Quelque temps plus tard, Mikkelsen écrit au baron von Troll, qui avait fourni des chiens à Nansen et qui envisage de passer deux ans dans les îles de la Nouvelle-Sibérie. Hélas, le baron lui répond également par la négative. Fort heureusement, en réalité, puisqu'il ne reviendra pas de sa mission.

Loin de baisser les bras, le jeune homme importune encore quelques pionniers de l'expédition antarctique, dont le Belge Adrien de Gerlache (avec lequel ont navigué Frederick Cook et Roald Amundsen, lors de leurs premières armes), qui sera le premier à hiverner sur la banquise antarctique, et le Norvégien Carsten Borchgrevink, qui hivernera sur le continent antarctique au cap Adare. Toujours en vain…

Mikkelsen s'inscrit à l'école des officiers, mais son désir de rallier une expédition ne le quitte pas. L'un de ses professeurs, auquel il s'est confié, l'encourage et lui parle de Georg Carl Amdrup, un Danois qui compte explorer en canot à rames la côte sud-est du Groenland. Avant toutes choses, lui précise-t-il, il lui faut réussir son examen d'officier. Ce que le garçon fait brillamment en mai 1900. L'un des membres du jury le félicite et, au fait des aspirations du jeune homme, lui donne l'adresse d'Amdrup.

Amdrup le reçoit une première fois à Copenhague. Aimable, il lui parle sans détours de son projet, qui consiste à explorer la côte du Groenland entre le Scoresbysund et Ammassalik, et à y rechercher des témoignages de vie esquimaude. Il lui expose les risques, les dangers et les privations que suppose une telle expédition, mais

1. Ejnar Mikkelsen, *Le Quart du second*, Julliard, Paris, 1955.

Mikkelsen durant l'expédition polaire anglo-américaine de 1906-1908.

Mikkelsen n'en a cure ; il est prêt à endurer tous les sacrifices, allant même jusqu'à mentir en lui faisant croire qu'il a 20 ans, l'âge auquel on peut s'engager. Amdrup est séduit par l'enthousiasme du jeune Danois et le convoque une seconde fois, afin de le présenter à ses deux autres compagnons, Jacobsen et Nielsen, deux hommes mûrs qui sont tout aussi séduits par la personnalité de Mikkelsen. Le mois suivant, tous les quatre embarquent à bord de l'*Antarctic* à destination du Scoresbysund. Ils parviennent au cap Dalton, cent vingt kilomètres au sud du cap Brewster, qui commande l'entrée du Scoresbysund.

Partis du cap Dalton le 22 juillet 1900, ils atteindront Ammassalik le 2 septembre : une expédition exceptionnelle, menée de main de maître, sans problème particulier, si ce n'est la suspicion, certainement fausse, que l'équipe massacra en route une petite tribu dans le fjord de Kangerdlugssuak. Suspicion qui n'est pas encore levée de nos jours auprès des membres de la communauté d'Ittoqqottoormiit, sur la côte nord-est du Groenland !

Les quatre hommes avaient découvert un village fantôme dans lequel avaient bien dû vivre une quarantaine d'Esquimaux. « Après une période de prospérité, la population, minée par les mariages consanguins, avait commencé à décroître, et la maladie, la misère, le désespoir s'étaient abattus sur la tribu. » [2] Un squelette gisait dans sa hutte. Les autres étaient recouverts de pierres habilement dressées, selon les usages du peuple esquimau. Amdrup et ses compagnons découvrirent des armes, des outils et des bijoux de pierre, qu'ils rangèrent soigneusement dans des caisses, afin d'en faire don aux musées de Copenhague. Et c'est probablement ce dernier point qui dérange le plus les Esquimaux de nos jours.

L'expédition fait grand bruit au Danemark, et Mikkelsen, fort de cette nouvelle aura, n'a aucun mal à se faire engager dans la mission américaine d'Edwin Baldwin sur l'archipel François-Joseph. Elle a pour objectif d'aller à l'assaut du pôle Nord géographique, et son généreux mécène, William Ziegler, président de la Royal Baking Powder Company, dont la fortune est estimée à 30 millions de dollars, ne recule devant rien pour assurer son succès car il espère gagner ainsi une notoriété internationale.

Pour mener à bien cette expédition, pas moins de quatre cent vingt chiens et quinze poneys de Mandchourie sont embarqués à bord de l'*America*. Baldwin n'est pas un novice ; météorologiste de Peary entre 1893 et 1895, il accompagne Walter Wellmann lors du voyage patronné par la National Geographic Society de 1898 à 1899. Il découvre même la terre de Graham-Bell. Pourtant, les choses ne se passent pas comme prévu, et Baldwin arrive à se mettre à dos l'ensemble des officiers. L'expédition est un échec, malgré une timide tentative pour rallier le pôle Nord. En effet, Baldwin se révèle un chef imbuvable, un modèle d'égoïsme et d'incompétence. Mikkelsen est déçu, mais il vient de passer deux ans dans l'Arctique, et cette expérience lui a été plus que profitable. En 1906, il part pour deux ans comme commandant en second en Alaska et sur Banks Island, et il s'illustre encore par son volontarisme et son professionnalisme.
Pendant ce temps, en 1906, une expédition danoise, sous le commandement du journaliste Mylius Erichsen, explore la côte nord-est du Groenland, depuis le cap Bismark jusqu'au cap Bridgeman. C'est un projet ambitieux, car la côte n'est pas cartographiée sur 6° de latitude nord, et les obstacles sont inconnus. Deux ans plus tard, une dépêche laconique annonce une triste réalité. « But atteint – côte explorée – contours entiers du Groenland relevés – importants résultats scientifiques obtenus – commandant Mylius Erichsen, lieutenant Höeg Hagen et l'Esquimau Brönlund morts après une lutte héroïque contre les éléments. »
Comment en est-on arrivé là, et comment l'a-t-on su ? C'est le géologue Lauge Koch, parti à la recherche de l'expédition au printemps 1908, qui a retrouvé le cadavre de Brönlund, qui était parvenu à rejoindre la terre de Lambert. Cet Esquimau avait sauvé les relevés du cartographe Hagen, mais, de toute évidence, il était mort de faim et de froid au début de l'hiver 1907-1908. Toutefois, son carnet de route, écrit en langue esquimaude, ne pouvait remplacer celui d'Erichsen. Pour Mikkelsen, il est désormais capital de retrouver ces notes.
C'est ainsi qu'il soutient son projet au comité de l'expédition du Danemark, dont les membres sont, entre autres, le capitaine Amdrup, de la marine royale – devenu un ami depuis qu'ils ont navigué le long

[2] *Ibid.*

de la côte sud-est du Groenland –, et le commandant Gustav Holm, qui a découvert les Esquimaux d'Ammassalik en 1884, devenu entre-temps son beau-père. Autant dire qu'il plaide en terrain conquis, d'autant que Mikkelsen compte retrouver les corps des malheureux Erichsen et Hagen.

En mars 1909, Mikkelsen a réuni assez de subventions pour se porter acquéreur de l'*Alabama*, un navire de quarante tonnes qu'il faut renforcer pour la navigation arctique. Il est partisan des expéditions légères, aussi n'engage-t-il que six hommes. Dix-huit mois d'approvisionnement devront faire l'affaire…
« Les adieux furent douloureux, car nous allions vers l'inconnu, peut-être sans espoir de retour. Une pensée nous hantait : reverrions-nous jamais le Danemark ? Et notre joie de partir était tempérée par le chagrin de nous séparer de nos parents et de nos amis. » [3]
Après une traversée de l'Atlantique nord vers les îles Féroé, Mikkelsen embarque cinquante-trois chiens, qui ont été apportés par bateau depuis la côte ouest du Groenland. Hélas, vingt-trois d'entre eux périssent durant le voyage, et le reste de la meute fait peine à voir : « trempés, sales, exténués, couverts d'ulcères, dévorés par la maladie » [4]. Un médecin pose le cruel diagnostic : tuberculose. Les bêtes doivent être abattues, les ponts du bateau sont désinfectés. « Les coups se succédèrent, et le pont fut transformé en une rivière de sang… Au bout d'une demi-heure, Unger, qui était de garde, les avait tous jetés par-dessus bord… » [5] L'expédition ne pouvait commencer de pire manière ! Heureusement, on apprend par télégramme que de nouveaux chiens arrivent d'Ammassalik. Quarante-sept sont ainsi achetés après d'épiques marchandages, en circulant à travers les villages les plus reculés. L'*Alabama* repasse une dernière fois par l'Islande. Le chef mécanicien, malade, est remplacé par Iver Iversen.
Le 25 août, enfin, après avoir traversé non sans mal de nombreux champs de glace, le navire atteint la pointe sud-sud-est de Shannon Island. Ce sera l'emplacement du premier hivernage. Mikkelsen ne perd pas de temps et part au nord avec deux compagnons, en traîneau à chiens, à la recherche des corps d'Erichsen et de Hagen. La saison n'étant pas assez avancée, ils s'engagent sur une glace encore mince qui manque de les engloutir, mais l'enthousiasme est tel que

L'*Alabama* est pris dans les glaces, lors de l'expédition de 1909-1912.

cela ne semble pas freiner les trois hommes. D'ailleurs Mikkelsen, après quelques bains forcés, comprend qu'il faut abandonner toute idée de navigation dans la mer gelée et longer la côte, même si cela peut s'avérer difficile en raison de la glace de seconde année. L'automne est une mauvaise saison pour le traîneau : les tempêtes se déchaînent, amenant quantité de neige poudreuse, dans laquelle hommes et chiens se débattent. « Nous jouons sans merci du fouet, nous pestons contre tous les obstacles. Il nous faut près de cinq heures pour faire quatorze kilomètres, aussi, furieux contre les éléments, nous dressons notre tente. » [6] Un premier dépôt de vivres est déposé sur l'île du Duc-d'Orléans le 20 octobre, en prévision de la grande expédition de printemps l'année suivante. Les chiens meurent les uns après les autres ; au moins nourrissent-ils les survivants pour quelque temps. Les jours diminuent rapidement, on compte désormais aussi sur la clarté de la lune pour avancer toujours au nord. À chaque instant, les fissures et les crevasses sont

[3] Ejnar Mikkelsen, *Perdus dans l'Arctique*, éditions Mame, 2 vol., Tours, s. d. [1913].
[4, 5 & 6] *Ibid.*

Les chiens luttent dans la glace.

Double page précédente : cairn à Danmarkshaven, dans le nord-est du Groenland, en mémoire des trois membres de l'expédition décédés : Nicolaj, Isak, Jörgen. Le *Danmark* est à l'arrière-plan.

des pièges à déjouer, et Mikkelsen avoue que, cent fois, hommes ou chiens auraient pu y disparaître.

Péniblement, le convoi parvient à la terre de Lambert, et Mikkelsen retrouve quelques boîtes de pemmican, de corned-beef, de bœuf, de pois et un fourneau. C'est à cet endroit que Brönlund, gelé, s'est éteint. « Les derniers jours de ce malheureux ont dû être épouvantables sur cette terre de désolation, sans abri contre le froid et la tempête. Je n'essaierai pas de décrire notre émotion à la découverte du cadavre. Nous enlevâmes à la main la neige qui recouvrait les restes du modeste héros. Pauvre Brönlund ! » [7] Les trois Danois ensevelissent l'Esquimau et le recouvrent de grosses pierres, afin que sa sépulture ne soit pas profanée par les ours. Le capitaine Lauge Koch, quand il avait retrouvé la dépouille, avait récupéré les documents importants glissés dans les poches de Brönlund. Il faut reprendre la route du nord et rechercher les deux autres dépouilles. Tâche qui semble vouée à l'échec en cette période de l'année. Autant chercher une aiguille dans une botte de foin ! La dernière note de Brönlund précisait que les hommes avaient campé au milieu du fjord, devant un front de glacier…

Mikkelsen déduit, d'après les angles bien marqués des blocs de glace, que la banquise s'est rompue en été, et que le camp d'Erichsen et Hagen a probablement été englouti : « Il faut songer à rentrer à présent. Le retour s'annonce difficile, d'autant que les chiens commencent à s'entre-dévorer... » [8] L'un d'eux, qui s'était goulûment jeté sur son congénère, meurt deux heures plus tard, victime de sa goinfrerie... Quelques instants après, deux autres décèdent. Quatre dans la même journée, cela fait beaucoup, et toute l'organisation est à revoir. Bivouaquer devient un calvaire : « Jusque-là, nous avions toujours planté notre tente et reposé dans nos sacs de couchage avec un certain plaisir. Ceux-ci sont transformés en véritables instruments de torture. Le soir, ils sont raidis par la glace, ce qui en rend l'accès très difficile. Nous sommes obligés de briser la glace avec le corps, et une fois dedans, au bout d'un quart d'heure, elle commence à fondre. L'eau nous pénètre alors goutte à goutte, et à chaque position nouvelle, on éprouve un frisson glacial. L'eau est à peine à notre température ; et après que ce liquide s'est réchauffé, nous nous trouvons dans un véritable bain de vapeur. Nous nous sentons un peu plus à l'aise ; néanmoins, sortir dans le froid avec des vêtements trempés sur le corps, c'est vraiment dur ! » [9]

Ejnar Mikkelsen, de retour de son voyage en chiens de traîneaux à la terre de Lambert.

Après avoir atteint les dépôts de vivres placés à l'aller, Mikkelsen et ses compagnons atteignent Shannon Island le 17 décembre. L'hivernage se passe sans encombre quoique l'on pense déjà aux missions du printemps. Aux premiers rayons du soleil, un groupe de cinq hommes repart vers le nord. Ont-ils l'espoir de retrouver les notes d'Erichsen ? Peut-être ce dernier, se sentant condamné, les a-t-il enfouies dans un cairn plus au nord ? Après avoir cheminé un temps avec ses compagnons, Mikkelsen part seul avec Iversen et un traîneau.

Le mois d'avril est exécrable. La tempête n'en finit pas de souffler, à tel point qu'on ne peut avancer. Mikkelsen décide de mettre bêtes et hommes à un régime d'une demi-ration quand ils ne progressent pas. Mais l'inactivité leur pèse. « On ne peut se faire une idée de la tristesse qui vous envahit pendant ces longues journées de repos. Du lever au coucher, on n'a qu'une seule préoccupation, celle de tuer le temps... » [10]

[7, 8, 9 & 10] *Ibid.*

Déjà, on se résigne à sacrifier le premier chien. Son sort n'est guère enviable : « Nous lui attachons la tête au patin d'un traîneau, et nous la lui tranchons au moyen d'une hache. Nous le dépouillons de sa fourrure et nous le portons dans la tente pour le dépecer. À la vue d'Iversen chargé des morceaux, les autres lancèrent des aboiements joyeux. Les misérables. »[11] Le temps ne s'arrange pas, et lorsque le convoi avance dans la tourmente, c'est au prix de grandes difficultés. Les accidents de terrain sont nombreux, et les bêtes ont toutes les peines du monde à tirer leur traîneau ; deux meurent, harassées, dans leurs harnais. Le passage des glaciers est également difficile, et les crevasses se succèdent maintenant sans interruption. Un chien disparaît dans l'une d'entre elles. Fin mai, les deux hommes atteignent Danmark Fjord, où ils retrouvent une cache qui avait été aménagée par Erichsen. À l'intérieur, ils découvrent un message indiquant que les trois hommes, encore en parfaite santé, se trouvaient là le 12 septembre 1907. Le ton de la lettre laisse penser qu'ils restaient optimistes quant à leurs chances de rallier leur navire. Ils avaient encore du gibier en quantité et des réserves de bois. Mikkelsen n'est guère avancé, car il a le sentiment qu'à ce moment-là Erichsen conservait encore son journal.
Un chien de l'attelage meurt encore. Il n'en reste alors plus que sept ; aussi les hommes ne conservent-ils qu'un seul traîneau pour le reste de l'expédition.

Soixante-quinze kilomètres plus au nord, ils découvrent un nouveau message d'Erichsen au cap Kronborg, qui souligne une erreur de cartographie de Peary, venu explorer la région en 1895. La saison est avancée, et Mikkelsen renonce à explorer le fjord Indépendance. À quoi bon ? Lui-même se sent très fatigué, les régions traversées ne se révèlent pas aussi giboyeuses que prévu, les bêtes sont exténuées, et l'on se trouve très éloigné de l'*Alabama*. S'ensuit alors une retraite pénible au cœur de l'été, au cours de laquelle les chiens meurent les uns après les autres. Ce n'étaient plus, selon Mikkelsen, que de petits squelettes. Les deux hommes survivent en comptant sur des réserves faites deux ans auparavant

11. *Ibid.*

par l'expédition d'Erichsen. Dans ces dépôts, les vivres ont été altérés par l'humidité, le pemmican est détrempé, le chocolat couvert de moisissures... En de rares occasions, on chasse des lagopèdes, des lièvres et des phoques.

Mi-septembre, les températures deviennent négatives, et la route du sud est désormais barrée par de l'eau libre. Il faut se résoudre à abandonner finalement traîneau, tente, sacs de couchage et même livres de bord, que les hommes enroulent dans une toile et cachent dans un ancien dépôt de vivres d'Erichsen.

Six mois qu'ils sont partis. Désormais, ils ne sont plus certains de revenir. La recherche de gibier ou de caches demeure leur unique

Un étroit passage d'eau libre. Photographie prise pendant l'expédition de 1906-1908.

préoccupation quand ils n'évoquent pas leur Danemark natal avec nostalgie. Ils ont faim, pas assez cependant pour surmonter leur dégoût et dévorer une charogne de phoque entamée par un ours polaire. Ils se traînent lamentablement, bien que leur charge respective ne soit que de cinq kilos. À Port-Danemark, camp de base de l'expédition d'Erichsen, ils peuvent compter sur des dépôts de vivres et rêvent que leurs compagnons sont venus là, à leur rencontre.

Port-Danemark est désert ; à dire vrai, Shannon Island est située bien loin d'ici. Mikkelsen et Iversen reprennent des forces, puis repartent vers le nord rechercher leurs affaires. En vain, car l'automne est pire que l'année précédente et, après une semaine et seulement une trentaine de kilomètres parcourus, Mikkelsen rebrousse chemin et remet cette mission au printemps suivant, quitte à repartir de Shannon Island. Il n'imagine pas une seconde hiverner à Port-Danemark. Bien que la

« Après deux heures de marche, nous apercevons, à dix-sept kilomètres, Naesset. Cette fois, ce n'est pas un effet de mirage ; nous découvrons un vieux camp esquimau datant de l'époque où cette côte était habitée, et je vais droit à l'emplacement où, l'automne dernier, j'avais vu des caisses de provisions.
C'est avec hâte que nous fouillons la pile d'objets laissés là par l'expédition Danemark, et j'ai vite fait de retirer deux boîtes de soupe et une de pois. Le feu est rapidement allumé, et je commence les préparatifs de notre repas. Nous mangeons lentement, dégustant chaque cuillerée. L'effet d'une soupe et d'une casserolée de pois est merveilleux sur une constitution délabrée. Cette nourriture nous infuse une nouvelle vie dans les veines. C'est à regret que nous quitterons ces lieux, car la bataille n'est pas encore gagnée.
« Nous attendons cependant le lever du soleil. Nos membres sont encore raides et douloureux quand nous reprenons le chemin de Port-Danemark. Cette dernière étape est dure. Moi, j'y arriverais encore ; mais Iversen est si faible que je dois constamment le soutenir, et nous cheminons sur une route montueuse. Enfin, après une marche de cinq heures, nous avons atteint la dernière chaîne de collines. Au loin, à nos pieds, se dressent quelques huttes : c'est Port-Danemark.
« Notre voyage tire à sa fin, nous voyons le lieu qu'il nous a fallu des mois pour atteindre, l'objet de nos rêves : c'est une petite maison, entourée de hangars, qui nous rendra le bien-être. Nous sommes si émus que nous nous asseyons silencieux, les yeux rivés sur le spectacle devant nous. Bientôt nous nous relevons péniblement, contents d'être arrivés au but ; nous traînons les pieds comme des vieillards, et à chaque instant nous reprenons haleine. Enfin, nous voilà de retour. C'est le 18 septembre, 11 heures du matin. » [12]

12. *Ibid.*

Campement sur un floe pendant l'expédition de 1909-1912.

saison soit avancée, et malgré le temps incertain, il faut coûte que coûte rejoindre l'*Alabama*. Le départ a lieu le 5 novembre, alors que la saison, à la vérité, ne se prête guère aux expéditions : la nouvelle glace est trop fine par endroits, les journées sont très courtes. Les hommes comptent sur quelques petits dépôts de vivres disséminés le long de la côte par les compagnons de Mikkelsen jusqu'au bateau. Quand ils arrivent, toute fatigue est oubliée : « Un mât ! Un mât ! Regardez, Iversen ! Je le saisis par le bras. Nous étions bien assurés de retrouver nos camarades. Lui le voit aussi et, d'un bond, nous nous élançons… Mais qu'a-t-il pu arriver ? Le mât est sur la terre ferme ! Nous nous arrêtons en nous regardant sans comprendre. Après tout, ils ont dû amener le navire sur la plage, pour ne pas être pris par les glaces. En tout cas, ils sont là, et cela nous suffit. Nous atteignons l'île. Grand Dieu, que s'est-il donc passé ? Est-ce la glace ou autre chose ? L'arrière du navire se dresse sur la plage. Nous courons jusque-là. Ah, voilà les hublots, mais non ! À notre grande consternation, nous constatons que ce que nous avions pris pour l'*Alabama* n'était qu'une sorte de cabane en toile. Toutes nos craintes se réalisent : l'*Alabama* a été brisé par les glaces. » [13]

13. *Ibid.*

L'*Alabama* dans le port de Shannon Island, le 10 octobre 1910.

La réalité est donc brutale ; les deux hommes sont seuls sur une côte désertique et sans secours. Pourtant, leurs compagnons ont pris soin de débarquer, de ranger les dépôts de vivres, et de construire une cabane, dont le plafond en toile s'est malheureusement affaissé sous les chutes de neige. Ils croyaient raconter leurs histoires et manger enfin à leur faim ; il va falloir réparer la cabane, organiser un nouvel hivernage et gérer les stocks de vivres…

Noël passe ; le semblant de fête se termine par un toast aux absents et par le partage équitable d'une goutte de whisky. Le 25 avril, Mikkelsen et Iversen repartent vers le nord afin de récupérer leurs affaires abandonnées à l'automne. « La première chose que je vois me donne le frisson, c'est un morceau de toile qui enveloppait nos livres. Nos craintes des derniers mois étaient justifiées ; un ours avait ouvert la cache. » [14] Du journal de Mikkelsen, il ne reste que quelques feuillets ; par miracle, celui d'Iversen est lisible. Mikkelsen l'utilisera pour récrire le sien. Les hommes reviennent dépités à Shannon Island et s'installent au sud-est ; là, ils surveilleront mieux l'arrivée d'un navire. Une cabane y avait été construite par les hommes de l'*Alabama*. La belle saison arrive, l'eau libre s'étend au sud, et les hommes, du haut de la colline, admirent les vagues qui courent sur la mer. Chaque jour, ils s'y rendent… sans résultat. Juin, juillet, août passent. Puis septembre, accompagné des premières gelées. Tout espoir est désormais inutile ; il faut se résoudre à un troisième hivernage.

L'ennui les submerge. « Partout ailleurs, le silence est d'or, mais pour nous, la parole est notre seule chance de salut, et il nous faut à tout prix fuir le silence. Nous nous attachons à un sujet de conversation comme des naufragés à une planche, nous le retournons sous toutes ses faces dans l'espoir qu'une parole lancée au hasard fournira matière à discussion pour le reste de la journée… La politique est un de nos sujets favoris, car il offre des ressources sans nombre. L'un de nous est, bien entendu, un conservateur à outrance, tandis que l'autre est un radical du plus pur cramoisi. » [15] Il n'y a rien d'autre à faire qu'attendre et, au matin, ils sont impatients de se raconter leurs rêves : « Notre existence est vide, et c'est presque un soulagement de se réveiller une nuit avec le mal aux dents. C'est au moins de la nouveauté ! Nous sommes heureux de tout changement… Il est vrai que c'est douloureux ; la rage augmente au moment précis où j'étais occupé à compter le nombre de jours où j'aurai à en souffrir. » [16] L'un des trésors d'Iversen est sans doute une collection de cartes postales. L'une d'elles montre cinquante-trois jeunes filles d'une école de cuisine ; leurs visages sont passés au crible pendant de longues heures et éveillent tous les fantasmes.

Au début de l'année, les deux hommes repartent vers le nord de Shannon Island afin d'aller chercher de la viande de bœufs musqués abattus à l'automne. Voyage de trois jours qui s'annonce pénible en regard du froid, mais qui rompt enfin la monotonie de l'hivernage. Sur place, ils tuent un ours polaire qui entrait dans leur abri et reprennent la route du retour avec un chargement de trois cents kilos de viande, non sans avoir admiré jusqu'à l'extase le premier lever de soleil de l'année.

L'attente durant l'hiver est propice à la réflexion ; Mikkelsen se demande s'il ne faut pas tenter de descendre au sud jusqu'à Ammassalik, soit en se laissant porter par un floe durant l'été, soit en longeant à traîneau la côte en hiver. Cette dernière option est

[14, 15 & 16] *Ibid.*

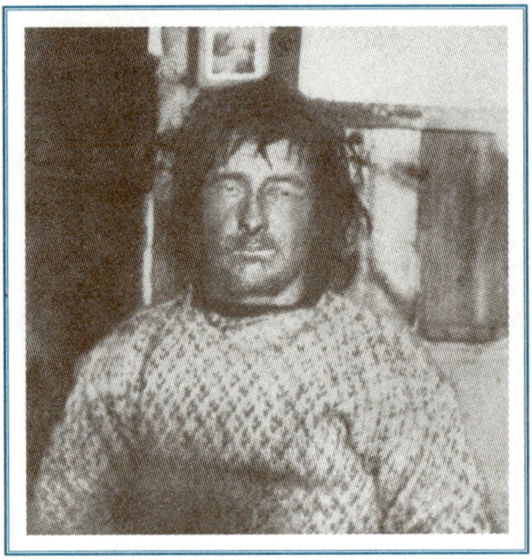

Mikkelsen et Iversen de retour de l'expédition de 1909-1912.

retenue, et les deux Danois tentent un essai, hélas infructueux, jusqu'à l'île aux Phoques. Mieux vaut attendre et vivre que tenter l'impossible et mourir.

Le printemps se passe, puis l'été arrive, mais chacun redoute une réplique de l'année précédente, avec son lot d'espérances déçues. La même exubérance de végétation, avec ses saules nains, ses parterres de fleurs multicolores, les mêmes oiseaux migrateurs venus du sud, les lièvres qui dansent sous les rayons obliques du soleil retrouvé, les glapissements des renards. L'été est bien là, mais un navire viendra-t-il les chercher ? Des guillemots nichent à proximité des falaises, mais devant l'abondance des vivres, Mikkelsen et Iversen leur laissent la vie sauve. N'égaient-ils pas la toundra de leurs mouvements incessants par la vie qu'ils apportent ? Ne s'est-on pas résolu à adopter un renard polaire pour sa compagnie ?

Le jour de la délivrance est brutal. Mikkelsen ne l'avait pas envisagé de la sorte, lui qui avait si souvent escaladé la colline, lui qui imaginait la vue de mâts au loin se trouve soudain face à une tout autre réalité. Il s'est endormi comme tous les soirs avec ses rêves secrets, mais, cette fois-ci, des voix humaines l'ont réveillé. Huit hommes arrivent à bord d'une chaloupe et s'éparpillent sur la plage. Une vraie foule, pense Mikkelsen.

Le sauveteur est un steamer norvégien. Tout le monde en Scandinavie s'inquiétait de la disparition de l'explorateur, et ce phoquier était parti à la recherche de Mikkelsen et de son compagnon. Avant d'y embarquer et de regagner le Danemark, Mikkelsen et Iversen se cachent derrière leur cabane et, à l'abri des regards, se serrent chaleureusement dans les bras.

« Le Sjoeblomsten *prend son mouillage. Tout nous semble dans un état de confusion et, en passant devant de grands dépôts, nous apercevons deux pêcheuses qui nous dévisagent et ne peuvent cacher leur surprise à la vue de deux pareils êtres.*

« Les embarcations nous accostent. Dans l'une se trouvent un reporter et un chemisier avide de prendre une commande. Nous descendons à terre, et nous nous retrouvons en pays civilisé.

« Un certain nombre de personnes viennent au-devant de nous, car le bruit de notre arrivée s'est répandu. La foule augmente, nous dévisage, nous souhaite la bienvenue, et nous remontons la rue, suivis de nombreux badauds. Nous tombons dans les bras d'un Danois dont le visage rayonne de joie ; c'est M. Sandvig, consul du Danemark à Aalesund. Il nous prend sous sa protection, nous emmène chez lui, et nous entrons dans une maison où il y a de vrais meubles, ce qui ne fait qu'accroître la singulière disparité de notre extérieur. Nous nous asseyons gauchement, allumant de gros cigares, et la minute d'après nous sommes debout, car dans l'embrasure de la porte a paru la fille de notre hôte. Elle apporte du champagne.

« "Alors ça, c'est une vraie jeune fille !" me dis-je.

« Puis, recouvrant ma présence d'esprit, je m'essuie soigneusement la main sur mon pantalon, et je lui dis bonjour.

« Il y a dix jours, nous étions de véritables sauvages. Aujourd'hui, nous sommes dans une pièce meublée coquettement, accueillis par l'hôte le plus aimable et sa charmante jeune fille. Quel changement !

« Le télégraphe fonctionne sans interruption ; les télégrammes se succèdent. Le premier est expédié par le roi ; puis viennent de nombreuses félicitations.

« Nous nous rappelons soudain que nous avons besoin d'un coiffeur ; puis nous prenons un bain, le premier depuis trois ans, et enfin nous partons en voiture avec le consul pour sa maison de campagne, où les siens nous attendent. C'est là que nous recevons les premières nouvelles de nos familles. » [17]

[17] *Ibid.*

LEXIQUE

cairn : .... pyramide de pierres élevée par des alpinistes, des explorateurs comme point de repère ou marque de leur passage.

ferrying : .... technique qui consiste à employer un petit bateau pour traverser les zones d'eau libre.

floe : .... banquise, glaces flottantes.

guideropes : .... cordes de guidage d'un ballon, au nombre de trois et de longueurs différentes.

hummock : .... monticule de glace.

iceberg : .... masse de glace flottante, détachée d'un glacier polaire.

kablouna : .... dans la langue esquimaude, terme qui désigne les hommes blancs.

kamiks : bottes en peau de phoque portées par les Esquimaux.

land ice : glace restée collée à la terre, qui ne dérive pas mais peut se rompre à tout moment.

leads : chenaux d'eau libre.

mille marin ou nautique : la soixantième partie d'un degré de latitude, soit 1 852 mètres.

musher : l'homme qui dirige un traîneau à chiens.

open water : vaste étendue de mer libre.

pack : banquise ou agglomération de glace de mer à la dérive.

pemmican : préparation de viande concentrée et séchée, utilisée notamment par les explorateurs et les chasseurs.

sailing master : dans un navire, officier responsable de la navigation.

sastrugi : neiges accumulées formant des crêtes, qui se déplacent lentement comme des dunes.

watersky : ciel noir qui reflète les eaux libres.

BIBLIOGRAPHIE

ROSS

- John Ross, *Relation du second voyage à la recherche d'un passage du Nord-Ouest fait par sir John Ross*, J.-P. Méline, Bruxelles, 1835.

FRANKLIN

- John Rae, « Sir John Franklin and his crews », *Household Works*,1855.
- J. E. Nourse, *Narrative of the Second Arctic Expedition commanded by Charles Francis Hall*, Government Printing Office, Washington, 1879.
- William Henry Gilder, *Schwatka's Search : Sledging in the Artic in Quest of Franklin's Records*, Charles Scribner and Sons, New York, 1881.
- Hall Collections, *Fieldnotes*, book n° 24 Royal, Geographical Society.
- Knud Rasmussen, *The Netsilik Eskimos, Report of the 5th Thule Expedition*, Glydensdalke Boghandel, Nordisk Forlag, Copenhague, 1931.
- Leopold Mc Clintock, *Voyage of the Fox in the Arctic Seas*, Hurtig Publishers, Edmonton, 1972.
- Pierre Berton, *The Arctic Grail*, Mc Clelland and Stewart, Toronto, 1988.
- Farley Mowat, *The Polar Passion and Ordeal by ice*, Mc Clelland and Steward Limited, Toronto, 1989.
- David Woodman, *Unravelling the Franklin Mystery*, Mc Gill Queen's University Press, Montreal, 1991.
- Ann Savours, *The Search for the North West Passage*, St Martin's Press, New York, 1999.
- James Delgado, *The Quest for the North West Passage*, British Museum Press, Londres, 1999.

Mc Clure
- Johann Miertsching, *Frozen Ships*, Mc Millan, Toronto, 1967.
- Robert Mc Clure, *The Discovery of the Northwest Passage*, Hurtig LTD, Edmonton, 1969.

Kane
- Elisha Kent Kane, *Arctic Explorations*, R. R. Donnelley and Sons Company, Chicago, 1996.

Hall
- George Tyson, *Arctic Experiences*, Vale Blake, New York, 1874.

Greely
- Adophus Greely, *Three Years of Arctic Service*, Charles Scribner and Sons, New York, 1894.
- David Brainard, *The Outpost of the Lost*, The Bobbs Merrill Company, Indianapolis, 1929.

Nansen
- Fridtjof Nansen, *Vers le Pôle*, Flammarion, Paris, 1897.

Andree
- Salomon Andree, Nils Strindberg, Knud Fraenkel, *En ballon vers le Pôle. Le drame de l'expédition Andree.* Avant-propos de Rabol, traduction Lund et Bernard, Plon, Paris, 1931.
- Salomon Andree, *En ballon vers le Pôle*, d'après les notes et documents retrouvés à l'île Blanche, Plon, Paris, 1955.

Cook
- Frederick Cook, *My Attainment of the Pole*, Mitchell and Kennerley, New York, 1913.
- Jean Malaurie, *Ultima Thulé*, Bordas, Paris, 1990.

Mikkelsen
- Ejnar Mikkelsen, *Perdus dans l'Arctique*, éditions Mame, 2 vol., Tours, s. d. [1913].
- Ejnar Mikkelsen, *Le Quart du second*, Julliard, Paris, 1955.

Crédits iconographiques

Pages 34, 43 : photo © Pierre Vernay.

Page 6 : ***New General Atlas***, J. Thomson, 1816, Vancouver Maritime Museum. **Page 10** : J. Brandard, à partir d'un dessin de Ross, J. Ross, ***Narrative of a second voyage in search of North-West Passage***, 1935. **Pages 12** : John Sacheuse, ***A voyage of discovery, made under the orders of the Admiralty, in HMS Isabelle and Alexander***, J. Ross, 1819. **Pages 14 et 15** : dessin de J. Ross, ***A voyage of discovery***, **Page 16** : ***Narrative of a second voyage***, J. Ross, 1935. **Pages 17 et 19** : J. Brandard, à partir d'un dessin de Ross, id. **Pages 20 et 21** : ***Narrative of a second voyage***, J. Ross, 1935. **Page 24 (et couverture)** : Julius von Payer, 1897, National Archives of Canada. **Page 26** : ***L'Illustration***, « La conquête des pôles », 23 avril 1853. **Pages 28-29** : dessin de S. Wain, 1850. **Page 29** : photographie de R. Beard, National Maritime Museum, Greenwich. **Page 30** : gravure de L. Le Breton, 1850, ***L'Illustration***, « La conquête des pôles », 23 avril 1853. **Page 31** : portrait de lady Franklin, 1825, Vancouver Maritime Museum. **Page 32** : aquarelle de E. A. Inglefield, ***The last of the Actic Voyages***, E. Belcher, 1855. **Page 36** : aquarelle de W. W. May, ***The last of the Actic Voyages***, E. Belcher, 1855. **Page 39** : ***Voyage of the Fox in the Arctic Seas***, Leopold Mc Clintock, 1859 ; portrait de Crozier par R. Beard, 1845, National Maritime Museum, Greenwich. **Page 40** : dessin de S. Wain, 1850. **Pages 46-47** : peinture de Thomas Smith, 1895, National Maritime Museum, Greenwich. **Page 48** : gravure de S. Osborn, ***Last voyage and fate of Sir J. Franlin***, R. Caree, 1860. **Pages 50, 56, 59, 62** : S. Gurney Cresswell, 1854, coll. part. P. Vernay. **Page 55** : portrait de Mc Clure par Stephen Pearce, 1855, National Portrait Gallery. **Page 65** : ***The Eventfull Voyage in search of Sir John Franklin***, G. F. McDougall, 1857. **Pages 66 et 69** : ***Arctic Explorations***, E. K. Kane, 1856. **Pages 70 et 82** : ***Godfrey's Narrative of the last Grinnel Arctic exploring expedition***, W. C. Godfrey, 1857. **Page 74** : gravure de R. Hinshelwood à partir d'un dessin de J. Hamilton, ***Arctic Explorations***, E. K. Kane, 1856. **Page 78** : gravure de J. McGoffin à partir d'un dessin de C. Schuessele, id. **Page 83** : gravure de J. C. McRae à partir des dessins de C. Schuessele et J. Hamilton, id. **Page 84** : ***New York Daily Times***, 12 octobre 1855. **Pages 86 et 90** : National Archives Washington. **Pages 89 et 92** : ***Le Tour du Monde***, vol. XXX, 1875. **Page 96** : ***Arctic Experiences***, G. Tyson, 1874. **Pages 100 et 102** : gravures de Riou d'après les indications du journal de Tyson, ***Le Tour du Monde***, vol. XXX, 1875. **Pages 104, 106, 112 et 117** : illustration de J. S. Davis d'après photographie de l'expédition, ***Three Years of Arctic Service***, A.W. Greely, 1894. **Pages 107, 108-109** : illustration de P. Frenzeny d'après photographie de l'expédition, id. **Pages 113, 114, 116 et 120 gauche** : illustration d'après photographie de l'expédition, id. **Page 119** : U.S. Naval Historical Center, Washington. **Page 120 droite** : coll. M. Ray Spear, id. **Pages 122-138** : F. Nansen, ***Vers le Pôle***, Flammarion, 1897. **Page 140** : photographie de F. G. Jackson, ***Farthest North***, F. Nansen, 1897. **Page 142-154** : S. A. Andrée, ***Med Örnen mot Polen***, 1930. **Page 160** : ***Le Petit Journal***, suppl. illustré du 19 septembre 1909. **Page 163-177** : ***My attainment of the Pole***, F. A. Cook, 1911. **Page 180** : photographie de G. C. Amdrup, Arctic Institute. **Page 182** : photographie de N. P. Soerensen, id. **Pages 184 et 193** : photographie de E. de Koven Leffingwell, id. **Pages 187, 190, 195, 196 et 188-189** : photographie de E. Mikkelsen, id. **Pages 191 et 198** : photographie de l'expédition Alabama, id.

Conception et réalisation graphique :
Gwenaël Le Cossec / studio de création Flammarion
Photogravure : Penez (Lille)

n° d'édition : L.01EBNN000114
Dépôt légal : janvier 2007

Impression : Normandie Roto Impression s.a.s., 61250 Lonrai
n° d'impression : 063413